云南省普通高等学校"十二五"规划教材

重力选矿技术

李值民　张　燕　张惠芬　主编

U0352700

北　京

冶金工业出版社

2014

内 容 提 要

　　本书共分为 7 章，主要内容包括：重力选矿的理论基础、重力选矿方法和重力选矿设备、重力选矿工艺实践、重力选矿试验实例、中小型重力选矿厂的设计和选矿技术检测等内容。为便于读者自学、加深理解和学用结合，各章均有本章内容简介和复习与思考题。

　　本书可作为高职高专选矿技术专业教学用书，也可作为职业院校、企业员工培训等相关专业的教学用书或工程技术人员的参考书。

图书在版编目（CIP）数据

　　重力选矿技术/李值民，张燕，张惠芬主编 . —北京：
冶金工业出版社，2013.2（2014.2 重印）
　　云南省普通高等学校"十二五"规划教材
　　ISBN 978-7-5024-6067-9

　　Ⅰ.①重…　Ⅱ.①李…　②张…　③张…　Ⅲ.①重力
选矿—高等学校—教材　Ⅳ.①TD922

　　中国版本图书馆 CIP 数据核字（2013）第 013294 号

出 版 人　谭学余
地　　　址　北京北河沿大街嵩祝院北巷 39 号，邮编 100009
电　　　话　(010)64027926　电子信箱　yjcbs@ cnmip. com. cn
责任编辑　郭冬艳　美术编辑　李　新　版式设计　孙跃红
责任校对　卿文春　责任印制　牛晓波
ISBN 978-7-5024-6067-9
冶金工业出版社出版发行；各地新华书店经销；三河市双峰印刷装订有限公司印刷
2013 年 2 月第 1 版，2014 年 2 月第 2 次印刷
787mm×1092mm　1/16；11 印张；262 千字；164 页
28.00 元
冶金工业出版社投稿电话：(010)64027932　投稿信箱：tougao@cnmip. com. cn
冶金工业出版社发行部　电话：(010)64044283　传真：(010)64027893
冶金书店　地址：北京东四西大街 46 号(100010)　电话：(010)65289081(兼传真)
（本书如有印装质量问题，本社发行部负责退换）

前　言

为了适应我国金属矿物分选技术的快速发展以及满足现代金属矿企业对选矿技术高素质技能型人才的需求和专业调整的需要,作者本着基础理论深刻性、基础知识系统性、设备工艺实践性、技术成果创新性、内容重在实用性的原则,编写了本教材。

本书力求反映国内外金属矿选矿技术的最新成就,并在对照国家职业资格标准、行业技术标准、行业技术规范的基础上,简要阐述了重力选矿方法和重力选矿设备的基本知识,用典型案例介绍了不同重矿物的选别方法及生产工艺,内容具有较强的针对性、指导性和实用性。该教材内容简练、重点突出,可作为普通高等学校选矿专业以及相关职业院校、企业员工培训的教学用书或工程技术人员的参考书。

本书由云南锡业职业技术学院和云南锡业集团(控股)有限责任公司共同组织编写。内容共分为7章,第1章、第2章由李值民、张燕、张惠芬、王淑雪编写,第3章由朱宁、马正堂、李慧萍编写,第4章由李值民、黄朝、张燕编写,第5章由高乔林、仇云华编写,第6章由颜华编写,第7章由马正堂、袁经中、张惠芬编写。全书由李值民、张燕、张惠芬整理定稿并担任主编。

本书在编写过程中,编者参考了大量的文献资料,在此,谨向文献作者致以诚挚的谢意。由于作者水平所限,书中不足之处,敬请读者批评指正。

编　者
2012 年 1 月

目　　录

1 绪 论

本章内容简介

重力选矿是最重要的选矿方法之一。本章主要介绍了重力选矿法分矿矿石难易程度的判据、选矿的相关专业术语以及重力选矿的发展历程和趋势。

1.1 概述

重力选矿又称为重选,是利用不同物料颗粒间的密度差异进行分离的过程。重力选矿需要在介质中进行,所用的介质有水、重介质和空气,其中最常用的介质是水。

矿物分离的根本原因是它们自身的性质差别,这就是颗粒的密度、粒度和形状。密度和粒度共同决定着颗粒的重量,是推动颗粒在介质中运动的基本作用力因素。

利用重选方法对物料进行分选的难易程度可简易地用待分离物料的密度差判定:

$$E = \frac{\delta_2 - \rho}{\delta_1 - \rho} \qquad (1-1)$$

式中 E——矿石可选性评定系数;

δ_1,δ_2,ρ——轻物料、重物料和介质的密度。

矿石的可选性按 E 值大小可分成五个等级,如表 1-1 所示。

表 1-1 物料按密度分选的难易程度

E	>2.5	2.5~1.75	1.75~1.5	1.5~1.25	<1.25
重选难易程度	极易选	易选	可选	难选	极难选

介质在选别过程中通常是处于运动状态的,主要的运动形式有:等速的上升运动、沿斜面的稳定流动、垂直的或沿斜面的非稳定流动、回转运动等。

根据介质的运动形式和作业的目的不同,重选可分为以下几种工艺方法:分级、重介质分选、跳汰分选、摇床分选、溜槽分选、离心机分选和洗选。

重选法主要用于锡、钨、锰、铬、贵金属及稀有金属(钽、铌、钍、锆、钛)矿石的选别,也是选煤的主要方法。

1.2 选矿专业术语

选矿的专业术语有:

(1)原矿。所处理的给入物料。

(2)精矿。经分选后富集了有价成分的最终分选产品。

(3)中矿。分选过程中产出的中间产品,需要进一步处理。

(4)尾矿。经过分选后可丢弃的物料。

（5）品位。给料或产品中有价成分的质量分数。给矿品位以 α 表示，精矿品位以 β 表示，尾矿品位以 θ 表示。

（6）产率。产品对给料计的质量分数，通常以 γ 表示。计算方法有两种：

1）产品重量计算法：

$$\gamma = \frac{Q_1}{Q_2} \times 100\% \qquad (1-2)$$

式中　γ——精矿产率，%；

$\quad Q_1$——产品重量；

$\quad Q_2$——原矿重量。

2）品位计算法：

$$\gamma = \frac{\alpha - \theta}{\beta - \theta} \times 100\% \qquad (1-3)$$

式中　γ——精矿产率，%；

$\quad \alpha$——原矿或给矿品位，%；

$\quad \beta$——精矿品位，%；

$\quad \theta$——尾矿品位，%。

（7）回收率。精矿中有价成分质量含量与给矿中有价成分质量含量之比，回收率以 ε 表示。

1）实际回收率计算式：

$$\varepsilon_{\text{实}} = \frac{\text{精矿量} \times \text{精矿品位}}{\text{原矿量} \times \text{原矿品位}} \times 100\% = \frac{Q_2 \times \beta}{Q_1 \times \alpha} \times 100\% \qquad (1-4)$$

式中　$\varepsilon_{\text{实}}$——实际回收率，%；

$\quad Q_1$——原矿量，t；

$\quad Q_2$——精矿量，t；

$\quad \beta$——精矿品位，%；

$\quad \alpha$——原矿品位，%。

2）理论回收率计算式：

$$\varepsilon_{\text{论}} = \frac{\text{精矿品位} \times (\text{原矿品位} - \text{尾矿品位})}{\text{原矿品位} \times (\text{精矿品位} - \text{尾矿品位})} \times 100\% = \frac{\beta \times (\alpha - \theta)}{\alpha \times (\beta - \theta)} \times 100\%$$

$$(1-5)$$

在选矿生产中，实际回收率与理论回收率相差不能太大，而此差值叫金属平衡差值。差值为（ $-1 \sim +2$ ）%。

（8）粒级回收率。精矿中已回收的某粒级金属率与原矿中该粒级金属率之比，以 E_d 表示：

1）计算式 1：

$$E_d = \frac{\text{精矿的回收率} \times \text{精矿中该粒级的金属分布率}}{\text{原矿的回收率} \times \text{原矿中该粒级的金属分布率}} \times 100\% \qquad (1-6)$$

2）计算式 2：

$$E_d = \frac{\text{精矿回收率} \times \text{精矿中该粒级的金属分布率}}{\sum\limits_{i=1}^{n} (\text{某产品的回收率} \times \text{该产品中该粒级的金属分布率})} \qquad (1-7)$$

(9) 富集比。精矿品位对给矿品位的比值。

(10) 选矿比。选得一吨精矿产品所需给料的吨数，以 K 表示。

(11) 矿浆浓度与密度的计算式：

$$R = \frac{\delta(\Delta - 1)}{\Delta(\delta - 1)} \times 100\% \qquad (1-8)$$

式中 δ——矿石密度，kg/m^3；

Δ——矿浆密度，kg/m^3；

R——质量百分浓度，%。

(12) 选矿作业成本。选矿作业成本是指统计期内处理一吨矿石所需的费用。这些费用包括：

1) 辅助材料费（包含定额材料和其他材料）、浮选药剂、介质；

2) 水和动力费；

3) 选厂工人工资；

4) 提取福利金；

5) 车间经费（制造费用）。

计算式为：

$$选矿作业成本 = \frac{选矿生产中成本（上述五项费用总和）}{原矿处理量}（元/吨） \qquad (1-9)$$

(13) 工厂成本。选矿工厂成本是指选矿厂生产精矿中一吨金属含量所需要的费用。这些费用包括：

1) 原料费；2) 材料费；3) 水、动力费；4) 工资；5) 提取福利金；6) 废品损失率；7) 车间经费；8) 企业管理费。

计算式：

$$选矿工厂成本 = \frac{统计期内总成本（上述八项费用总和）}{产品金属量}（元/吨） \qquad (1-10)$$

当知道原矿价格（元/吨）、选矿作业成本（元/吨）、企业管理费（元/吨）、原矿品位和选矿回收率时，可按下式计算选矿工厂成本：

$$选矿工厂成本 = \frac{原矿价 + 作业成本 + 厂管费}{原矿品位 \times 回收率}（元/吨金属） \qquad (1-11)$$

1.3 重力选矿技术进步及发展趋势

近半个世纪以来，国内外重力选矿技术有长足进步，其主要表现为：

(1) 重视原矿准备作业，加强洗矿，脱泥分级以及采用重介质预选等作业，提高入选矿物品质。

(2) 大力发展高效、低耗、大型化的重力粗选设备，提高处理能力，节能降耗。

(3) 加强细粒锡石回收，矿泥重选新设备及锡石浮选有较大发展。

(4) 发展多种选矿方法联合和选冶联合工艺，产出多种产品，提高主要有价矿物和伴生金属的回收。

(5) 重视节能降耗、尾矿处理、综合回收、环保等问题。

近 30 年来，我国重力选矿技术进步取得了卓越成绩。

（1）研制重选新设备，推动技术创新。20 世纪 80 年代，北京矿冶研究总院，成功研制出锯齿波跳汰机。该设备具有效率高，用水少等特点。

云锡研究设计院，研制出新型摇床头装置。该床头，在保持摇床头运动曲线的同时，对床头结构进行了重大改进，使之具有轻巧、易于安装、调节方便等特点。

新疆有色金属研究院，研制出 φ1200mm 旋转螺旋溜槽，沿矿流运动相反方向旋转 15r/min，并加少量清洗水以提高富集比，目前在云锡生产上获得应用。

1995 年，云锡研究设计院研制出振摆螺旋溜槽。该设备沿水平方向整机回转摆动，有利于床层松散、分层。与不加振动相比，其锡作业回收率约高 20%。

1996 年，云锡研究设计院，研制出一种新型节能设备——转盘选矿机。该设备于 1998 年荣获中国有色工业局科技进步发明二等奖。目前在锡尾矿利用方面获得应用。

2010 年，转盘选矿机发明者又研制出带式振动选矿机，在给矿锡品位 0.5% ~0.6% 时，精矿锡品位可达 5% ~6% 以上，锡回收率 60%。富集比 10 倍以上，处理能力是皮带溜槽的 8 倍，是刻槽床的 2 倍，是细粒锡石回收的有效设备，可能在锡矿泥选矿和尾矿选别等方面发挥积极作用。

（2）选矿设备与 PLC 程控技术相结合，组成集成式创新。我国独创的离心选矿机及以其为主体组成的锡矿泥选别工艺，曾处于世界领先地位。由于给矿、断矿、冲矿三个动作的执行机构存在问题，导致该设备停止使用。随着技术的发展，采用 PLC 程控技术，实行时间程序控制，使离心选矿机焕发青春，再次在生产上获得应用，并将在老尾矿开发利用方面发挥积极作用。

（3）采用联合工艺，组成精选流程。云锡个旧矿区，原矿锡品位越来越低，锡石结晶粒度越来越细，杂质含量越来越高，具有"贫、细、杂"的特征。现生产流程一般只能产出锡品位 10% 左右的粗精矿，需要通过精选提高锡精矿品位。近年来进行了系统的精选流程研究，提出浮重磁多种选矿方法相结合的新工艺。通过浮选除去硫化物，磁选除铁，为重选作业提供优质原料，从而提高锡精矿品位，精选系统锡回收率高达 82%，富中矿锡回收率达 16%，总回收率达 98% 以上。

（4）引进新设备，提高装配水平。为了提高碎、磨系统效率，云锡各选厂在碎矿系统引进新型碎矿机，在磨矿系统引进大型磨矿机，实行多碎、少磨、节能降耗的方针，并为选别作业提供较好的粒度条件，有利于提高分选效率。

（5）采用现代新技术，实行选矿过程检测与控制。采用计算机现代新技术，对碎矿粒度、磨矿浓度和粒度、浮选系统给药、矿浆酸碱度等工艺条件及指标实行自动控制，全面提升选矿技术水平。

近代选矿技术的发展不仅仅是矿产资源利用，还包括能源利用，三废治理、环境保护等，在循环经济、低碳领域中都将会发挥其积极作用。

重选设备研制与创新仍然是推动重选技术不断发展的重要研究课题，设备大型化、操作简单化、控制自动化将是选矿技术发展的主要趋势。

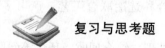 **复习与思考题**

1. 矿石分选的基本根据是什么？

2. 重选法适合处理哪些类型矿石？

3. 某铜矿其原矿品位 $\alpha = 1.05\%$，精矿品位 $\beta = 25.20\%$，尾矿品位 $\theta = 0.13\%$。求精矿产率 γ，回收率 ε，富集比。

4. 黑钨矿及其伴生脉石矿物石英的密度分别为 7200kg/m³ 和 2650kg/m³；煤及其伴生脉石矿物煤矸石的密度分别为 1350kg/m³ 和 2000kg/m³；分别计算评估其重选分离的难易度。

5. 某矿锡矿泥粗选离心机回收率 83.4%，精矿中 +0.075mm 的金属率 0.3%，给矿中 +0.075mm 粒级金属率为 1.2%，求该粒级的粒级回收率。

2 重选理论基础

本章内容简介

　　本章主要阐述重选的基本理论——矿物和介质的特性及其与运动规律间的关系。重选实质就是物质松散—分层—分离的过程。在运动介质中，被松散的矿粒群，由于沉降时运动状态的差异，形成不同密度（或粒度）矿粒的分层。分好层的物料层通过运动介质的运搬达到分离。因此，有必要了解物体在介质中运动的各种规律。

2.1　颗粒在介质中的垂直运动

　　垂直的沉降是重选中矿粒运动的重要形式。矿粒因本身的密度、粒度和形状不同而有不同的沉降速度。这种差异归根结底是由介质的浮力和颗粒在介质中运动受到阻力所引起的。所以研究浮力和阻力就成为探讨颗粒运动差异的基本问题。

　　颗粒的沉降有两种不同形式：

　　（1）自由沉降，即单个颗粒在广阔空间中独立沉降，此时颗粒除受重力、介质浮力和阻力作用外，不受其他因素影响。

　　（2）干涉沉降，即个别颗粒在粒群中的沉降，成群的颗粒与介质组成分层的悬浮体，颗粒间碰撞及悬浮体平均密度的增大，使个别颗粒沉降速度降低。

　　理想的自由沉降是遇不到的，通常所谓的自由沉降是指介质中固体物料的含量少，在总容量中颗粒占有的体积不足 3%，此时即可视为自由沉降。

2.1.1　介质的性质

　　与重选有关的介质性质是介质的密度和黏度。

2.1.1.1　介质密度

　　介质的密度是指单位体积内介质的质量，通常用 ρ 表示。水的密度随温度和压力变化很小，纯水的密度为 $1000kg/m^3$ 或 $1g/cm^3$。在通常条件下（0℃，0.1MPa），空气的密度为 $1.293kg/m^3$。

　　固—液悬浮体的密度与其中固体颗粒的密度和体积占有量有关。单位体积悬浮体内固体颗粒占有的体积，称作容度积，以 ϕ_B 表示，其与质量浓度 R 的关系为：

$$\phi_B = \frac{\rho R}{\delta(1-R) + \rho R} \qquad (2-1)$$

式中　ϕ_B——容积浓度（用小数表示）；

　　　　R——质量浓度（用小数表示）；

　　　　δ——矿粒密度，kg/m^3；

　　　　ρ——介质密度，kg/m^3。

悬浮体的密度即是单位体积悬浮体内固体颗粒的介质与分散介质质量之和，称为悬浮体的物理密度，用 ρ_{su} 表示。

$$\rho_{su} = \phi_B \delta + (1 - \phi_B)\rho = \phi_B(\delta - \rho) + \rho \quad (\text{kg/m}^3 \text{ 或 g/cm}^3) \qquad (2-2)$$

单位体积介质或固体物质所具有的重量称为重度，用 γ（N/m^3）表示。

$$\gamma = \rho g \text{ 或 } \gamma = \delta g \qquad (2-3)$$

式中，g 为重力加速度，$g = 980 \text{cm/s}^2$。

为了表示物质的相对重量大小，习惯上取待测物质的重量与同体积4℃水的重量作对比，得出的比值叫做比重。比重为一无因次数，其数值与用厘米·克秒单位制表示的物质密度相等。

2.1.1.2 介质黏度

介质在运动时，介质内各流层间产生切应力或内摩擦的特性称为黏度。

介质的黏性存在于实际流体中。液体的黏性由分子间的作用引起，气体的黏性主要由动能不同的分子在流速不同的层间交换引起的。均衡介质的黏性作用力服从牛顿内摩擦定律：

$$F = \mu A \frac{du}{dh} \qquad (2-4)$$

或

$$\tau = \frac{F}{A} = \mu \frac{du}{dh} \qquad (2-5)$$

式中 F——流体的内摩擦力，N；

$\quad \tau$——切应力，Pa；

$\quad A$——内摩擦力作用的面积，m^2；

$\quad \dfrac{du}{dh}$——流速梯度，1/s；

$\quad \mu$——牛顿流体动力黏滞系数（动力黏度）或简称黏度 Pa·s。

流体黏性还可以用动力黏度 μ 和液体密度 ρ 的比值来表示，称为运动黏度，以符号 ν 表示：

$$\nu = \frac{\mu}{\rho} \qquad (2-6)$$

2.1.2 物体在介质中运动受力分析

物体在介质中运动时，作用于物体上的力是重力和阻力。

2.1.2.1 物体在介质中的重力

在介质中，根据阿基米德原理，物体所受的重力应等于该物体在真空中的绝对重量和与同体积介质的重量之差：

$$G_0 = G - P$$

对于球形颗粒而言，因为 $G = \dfrac{1}{6}\pi d^3 \delta g$，$P = \dfrac{1}{6}\pi d^3 \rho g$

故

$$G_0 = \frac{1}{6}\pi d^3 \delta g - \frac{1}{6}\pi d^3 \rho g = \frac{1}{6}\pi d^3 g(\delta - \rho) \qquad (2-7)$$

式中　d——球形直径，m；

　　　δ——物体密度，kg/m^3；

　　　ρ——介质密度，kg/m^3；

　　　g——重力加速度，m/s^2。

　　将式（2-7）变形后得：$G_0 = \dfrac{1}{6}\pi d^3 \delta \dfrac{(\delta - \rho)}{\delta} g$

令

$$g_0 = \frac{\delta - \rho}{\delta} g \qquad\qquad (2-8)$$

则

$$G_0 = \frac{1}{6}\pi d^3 \delta g_0 = mg_0 \qquad\qquad (2-9)$$

式中，m 为颗粒质量。

　　g_0 与 g 一样具有加速度量纲，称为物体在介质中的加速度。它的大小和方向随（$\delta - \rho$）而定。

　　当 $\delta > \rho$ 时，g_0 为正值，颗粒向下作沉降运动；当 $\delta < \rho$ 时，g_0 为负值，颗粒向上升起；当 $\delta = \rho$ 时，g_0 为零值，颗粒在介质中悬浮。

　　2.1.2.2　物体在介质中运动时所受的阻力

　　在重选过程中，物体在介质中运动时所受的阻力，由摩擦阻力和压差阻力两部分组成。

　　（1）摩擦阻力：摩擦阻力又称黏滞阻力，是由于运动着的物体带动周围的流体一起运动，使得流体自物体表面向外产生一定的速度梯度，于是在各流层间引起了内摩擦力。所谓摩擦阻力，即是作用在物体表面所有点的切向作用力在物体运动方向的合力。

　　（2）压差阻力：当流体绕过物体流动时，由于内摩擦力的作用引起了流体运动状态的变化，例如在物体背后形成漩涡（见图2-1b），使得运动物体后方的压力下降，低于物体前方压力，于是形成压差阻力。所谓压差阻力即是作用在物体表面所有点的法向作用力在物体运动方向的合力。

　　为了定性反映惯性阻力与黏性阻力的相对大小，常用一个无量纲数来表示惯性力与黏性力的比值，这个量纲数称为雷诺数，用 Re 表示。对于球形颗粒在流体中的运动，雷诺数定义为：

$$Re = \frac{\rho d v}{\mu} \qquad\qquad (2-10)$$

式中　v——颗粒-流体的相对速度；

　　　d——颗粒直径；

　　　ρ——流体密度；

　　　μ——流体黏度。

　　阻力系数：若颗粒受到阻力为 R，阻力系数定义为阻力 R 与惯性力 $\rho d^2 v^2$ 之比：

$$\psi = \frac{R}{\rho d^2 v^2} \qquad\qquad (2-11)$$

　　阻力系数是无量纲数。流体阻力通式可表示为：

$$R = \psi \rho d^2 v^2 \qquad\qquad (2-12)$$

2.1.3 颗粒在流体中的沉降

2.1.3.1 流体阻力

A 斯托克斯阻力公式

在惯性坐标系中，颗粒在静止流体中的匀速沉降运动，可以转变为流体绕过静止颗粒的流动来处理，如图2-1所示。球体绕流问题是研究颗粒在流体中运动的最基本问题。为了避免流体力学方程组的非线性问题，斯托克斯假定流体绕过球体的速度很缓慢，即呈层流态。由于流速小，与流速二次方有关的惯性项将更小，与黏性项相比可以忽略，由此得出阻力公式为

$$R_S = 3\pi\mu d v_0 \tag{2-13}$$

这就是有名的斯托克斯阻力公式。斯托克斯阻力公式适用于雷诺数小于1的范围，常把斯托克斯阻力公式适用的范围称为斯托克斯公式范围，阻力系数用 ψ_S 表示，斯托克斯公式范围的阻力系数公式可以表示为

$$\psi_S = \frac{3\pi}{Re} \tag{2-14}$$

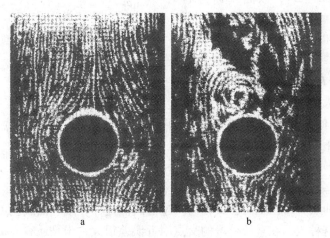

图2-1 介质紊流球体的流态

a—层流；b—紊流

B 牛顿-雷廷智阻力公式

牛顿（I. Newton）于1687年首先研究了平板在介质中运动的阻力，他假设：

（1）介质为无黏性的理想流体；

（2）将流体看成是连续的质点流，这些质点与平板碰撞时没有任何能量损失，是完全的弹性碰撞。

根据动量守恒定律，牛顿求出介质对垂直于运动方向、面积为 A 的平板受到的流体阻力为

$$R = A v^2 \rho \tag{2-15}$$

雷廷智（P. R. Rittinger）于1867年根据牛顿的平板阻力公式，导出了球体阻力公式为

$$R = \frac{\pi}{8} d^2 v^2 \rho \tag{2-16}$$

式(2-16)表明，球体在介质中运动时受到的阻力，是同直径圆板所受阻力的一半。

按照牛顿的阻力理论，球体后半部的流动对阻力没有贡献，平行于流动方向的极薄平板几乎不产生阻力，这些都与事实不符。实验证明，雷廷智公式的系数需要修正为 $\pi/18$ 左右，并且在雷诺数 Re 足够大（$Re > 1000$）时才适用，这个修正后的公式称为牛顿-雷廷智阻力公式，即

$$R_N = \frac{\pi}{18}d^2 v^2 \rho \qquad (2-17)$$

牛顿-雷廷智阻力公式的适用范围称为牛顿-雷廷智公式范围，该范围阻力系数近似为常数，用 ψ_N 表示，即

$$\psi_N = \frac{\pi}{18} \qquad (2-18)$$

C 瑞利曲线

瑞利（L. Rayleigh）于 1893 年在大量试验数据基础上绘制了阻力系数 ψ 对雷诺数 Re 的关系曲线（图 2-2），该曲线称为瑞利曲线。

从图 2-2 可以看出，斯托克斯公式为一直线，直线的斜率等于 -1，大致适用于 $Re < 1$ 的区间，当 $Re < 0.1$ 时是很准确的；牛顿-雷廷智公式大致适用于 $10^3 < Re < 10^5$ 的区间，曲线是近似水平的，其斜率近似为零，阻力系数并不是严格的常数，公式只是近似的。在 $1 < Re < 10^3$ 的区间，曲线是由层

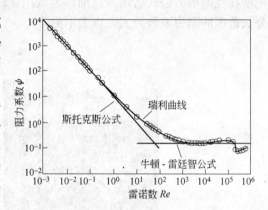

图 2-2 瑞利曲线

流流态向紊流流态转变的过渡区，曲线的斜率从 -1 逐渐变到接近于零；阿连曾用直线近似表示该区间的曲线，得出阻力公式称为阿连公式。这样，瑞利曲线就可用三段直线组成的折线来表示。这种表示在直线分段的交点附近误差很大，于是还有人提出五段折线的表示。由于求解颗粒沉降速度时，无法事先知道雷诺数，需要反复尝试使用各个分段公式，不便使用。寻找一个适用于各个区间的通用阻力公式是非常必要的。

从瑞利曲线可以看出，在 $Re > 100000$ 的区间出现阻力系数迅速下降的情况，这是因为此时边界层由层流转变为紊流，分离点向后移，使尾流的漩涡区迅速减小，故阻力系数迅速降低，过了最低点后又转为上升，变化规律是很复杂的。应注意的是，阻力系数降低并不意味阻力降低，事实上，随着流速增大，阻力总是增大的。矿物加工中的问题一般不涉及如此大的雷诺数区间，故不研究该区间的阻力规律。

D 通用阻力系数公式

阿伯拉罕（F. F. Abraham）于 1970 年运用边界层的概念分析球体的阻力，得出非常简洁与适用的阻力系数公式

$$\psi = \psi_t \left(1 + \frac{2k}{\sqrt{Re}}\right)^2 \qquad (2-19)$$

阿伯拉罕取 $\psi_t = 0.115$，$k = 4.52$。式(2-19)可作为 $Re < 5000$ 时的通用公式。

2.1.3.2 自由沉降

A 斯托克斯公式与牛顿－雷廷智公式

颗粒在流体中沉降时，若不受周围颗粒或容器壁干扰，称为自由沉降。颗粒从静止状态沉降，在重力加速度作用下速度增加，随之而来的反方向阻力也增加。但颗粒的有效重力是一定的，当阻力与有效重力相等时，颗粒运动趋于平衡。此时沉降速度称为自由沉降速度，常用 v_0 表示。

对于微细的颗粒，流体阻力服从斯托克斯阻力公式，令式(2－13)等于式(2－7)，即阻力与有效重力相等时，可求出自由沉降速度公式为

$$v_{OS} = \frac{\delta - \rho}{18\mu} g d^2 \tag{2-20}$$

这就是斯托克斯公式，适用于 $Re < 1$ 的范围。该公式表明，微细粒物料的沉降速度正比于颗粒直径的平方。

对于较粗的颗粒，流体阻力服从牛顿－雷廷智阻力公式，令式（2－17）等于式（2－7），可求出自由沉降速度为

$$v_{ON} = \sqrt{\frac{3(\delta - \rho)gd}{\rho}} \tag{2-21}$$

这就是牛顿－雷廷智公式，适用范围为 $Re = 10^3 \sim 10^5$。式(2－21)表明，粗粒物料的沉降速度正比于颗粒直径的平方根。

B 自由沉降速度通用公式

在矿物加工涉及的雷诺数范围一般不会超过5000，故可以把式(2－19)作为通用公式使用。利用式(2－10)和式(2－19)，可以得出雷诺数的解，即

$$Re = k^2 \left(\sqrt{1 + \frac{1}{k^2} \frac{1}{\sqrt{\psi_t}} \sqrt{\frac{G_0\rho}{\mu^2}}} - 1 \right)^2 \tag{2-22}$$

通用的自由沉降公式可表示为

$$v_0 = k^2 \frac{\mu}{\rho d} \left(\sqrt{1 + \frac{1}{k^2} \frac{1}{\sqrt{\psi_t}} \sqrt{\frac{G_0\rho}{\mu^2}}} - 1 \right)^2 \tag{2-23}$$

若按康查等的取值：$\psi_t = 0.11$，$k = 4.53$，式（2－23）变为

$$v_0 = 20.52 \frac{\mu}{d\rho} \left(\sqrt{1 + 0.1469 \sqrt{\frac{G_0\rho}{\mu^2}}} - 1 \right)^2 \tag{2-24}$$

当已知颗粒的直径和密度、流体的密度和黏度时，可用上面的通用公式计算球形颗粒的自由沉降速度，公式的适用范围为 $Re < 5000$ 的场合。

C 从自由沉降速度求颗粒直径

实践中常常遇到已知自由沉降速度求颗粒直径的反问题（如用沉降法测定颗粒的直径等）。若雷诺数处于斯托克斯公式范围（$Re < 1$），可从式(2－20)解出

$$d = \sqrt{\frac{18\mu v_0}{(\delta - \rho)g}} \tag{2-25}$$

若雷诺数处于牛顿－雷廷智公式范围（$10^3 < Re < 10^5$），从式(2－21)可得

$$d = \frac{v_0^2 \rho}{3(\delta - \rho)g} \tag{2-26}$$

若雷诺数属于过渡区，利用式 $\dfrac{\psi}{Re} = \dfrac{G_0\mu}{\rho^2 d^3 v_0^3} = \dfrac{\pi(\delta - \rho)g}{6} \cdot \dfrac{\mu}{\rho^2 v_0^3}$ 和式（2-19），可以写出

$$\frac{\psi}{Re} = \psi_t \left(\frac{1}{\sqrt{Re}} + \frac{2k}{Re} \right)^2 = \frac{\pi(\delta - \rho)g\mu}{6\rho^2 v_0^3} \tag{2-27}$$

因 v_0 已知，故阻力系数与雷诺数的比值 $\dfrac{\psi}{Re}$ 是已知项，因视为常数，可解出雷诺数为

$$Re = 16k^2 \left(\sqrt{1 + \frac{8k}{\sqrt{\psi_t}}\sqrt{\frac{\psi}{Re}}} - 1 \right)^{-2} \tag{2-28}$$

由此得出已知自由沉降速度求颗粒直径的通用公式如下

$$d = 16k^2 \frac{\mu}{v_0 \rho} \left(\sqrt{1 + \frac{8k}{\sqrt{\psi_t}}\sqrt{\frac{\psi}{Re}}} - 1 \right)^{-2} \tag{2-29}$$

按康查等的取值：$\psi_t = 0.11$，$k = 4.53$，式（2-29）变为

$$d = 328.3 \frac{\mu}{v_0 \rho} \left(\sqrt{1 + 109.3\sqrt{\frac{\psi}{Re}}} - 1 \right)^{-2} \tag{2-30}$$

D　颗粒形状的影响

前面介绍的颗粒自由沉降的公式都是只适用于球形颗粒。实际上，矿物加工中遇到的绝大部分是不规则形状的颗粒，这些颗粒比同体积的球形颗粒有更大的表面积，受到的流体阻力更大，特别是一些扁平形或长条形的颗粒，不同方向上的流体阻力相差很远。

对于不规则球形的颗粒，可以用与该颗粒等体积的球体直径来表示它的直径，这个直径称为等体积直径（又称为等值直径、体积当量直径），用 d_v 表示，即：

$$d_v = \sqrt[3]{\frac{6V}{\pi}} = \sqrt[3]{\frac{6G}{\pi\delta g}} \tag{2-31}$$

式中，V，G——颗粒的体积和质量。

用等体积直径可以准确地应用于不规则球形颗粒的体积、质量以及重力等的计算上。

流体阻力是表面力，在分析流体对不规则形状颗粒的阻力时，表面积很重要，可定义一个与不规则形状颗粒等表面积的球体直径来表示它的直径，这个直径称为等面积直径（又称为面积当量直径），用 d_A 表示，即

$$d_A = \sqrt{\frac{A}{\pi}} \tag{2-32}$$

由于面积的测定比较困难，即使在计算流体阻力时，习惯上仍是采用等体积直径而不用等面积直径，这种做法统一使用一种直径，使计算简化，同时也会带来误差。

常用等体积球体的表面积与不规则形状颗粒的表面积之比来表示颗粒的不规则程度，这个比值称为球形系数，用 X 表示。矿粒的形状与球形系数的关系见表 2-1，即

$$X = \frac{\pi d_v^2}{\pi d_A^2} = \left(\frac{d_v}{d_A} \right)^2 \tag{2-33}$$

表 2 - 1　矿粒的形状与球形系数的关系

矿粒形状	球形	类球形	多角形	长条形	扁平形
球形系数	1.0	1.0~0.8	0.8~0.65	0.65~0.5	0.5

不规则球形颗粒的自由沉降速度与同体积球体的自由沉降速度之比称为球形修正系数,用 P 表示,即

$$P = v/v_0 , \quad v = Pv_0 \tag{2-34}$$

形状修正系数与球形系数有一定的相关性,形状修正系数与雷诺数也有关系,但很难从理论上研究,往往通过实验确定。在斯托克斯公式范围,有如下经验公式

$$P_s = 1 + 0.843 \lg X \approx 1.03 \sqrt{X} \tag{2-35}$$

在牛顿 - 雷廷智公式范围,也有如下的经验公式

$$P_N = \sqrt{\frac{1.5X}{8.95 - 7.39\sqrt{X}}} \tag{2-36}$$

在过渡区,可参考表 2 - 2 确定。

表 2 - 2　过渡区的形状修正系数

Re	$Re^2\psi$	修 正 系 数				
		球形	类球形	多角形	长条形	扁平形
170	8000	1.000	0.805	0.680	0.610	0.450
190	10000	1.000	0.800	0.678	0.595	0.441
330	20000	1.000	0.790	0.672	0.590	0.433
530	50000	1.000	0.755	0.650	0.564	0.420
750	100000	1.000	0.753	0.647	0.562	0.408
1100	200000	1.000	0.740	0.635	0.560	0.392

2.1.3.3　干涉沉降

颗粒在有限空间中的沉降,称为干涉沉降(图 2 - 3)。

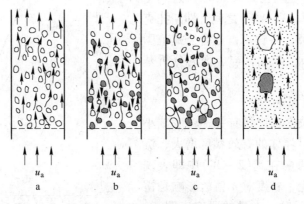

图 2 - 3　常见的几种干涉沉降形式

矿物加工中粒群在矿浆中的沉降是典型的干涉沉降,球体在窄管中的沉降也是干涉沉降。伯纳(E. Bernea)于 1973 年归纳出干涉效应来自三个方面:由于沉降颗粒周围存在

大量颗粒，而颗粒密度一般又大于介质密度，使得颗粒像是在密度增大了的介质中沉降一样，这个效应称为准静压效应；动量传递效应是指颗粒在沉降过程中，受到周围颗粒的碰撞和摩擦，进行着动量交换，从外观表现上看，颗粒似乎是在黏度增大了的介质中沉降一样，这个效应称为动量传递效应；颗粒在沉降过程中，由于附近有器壁（固定壁）或其他颗粒（活动壁）存在，必然引起周围介质的间隙流速增大，从而使介质的动力阻力增大，这个效应称为壁面干涉效应。在矿物加工中的干涉沉降问题主要是前两种效应。

均匀粒群则是指由相同性质（包括密度、粒度、形状等）颗粒组成的粒群。在矿物加工中，绝对均匀的粒群是不存在的，把同一种矿物破碎后，进行窄级别的筛分或分级得到的粒级，可以近似视为均匀粒群。

A 利亚申科经验公式

利亚申科于1940年把均匀粒群干涉沉降时颗粒间的相互碰撞、摩擦，以及通过周围介质的相互影响等效地看做阻力系数增大。干涉沉降阻力系数 ψ_h 与自由沉降阻力系数 ψ 和体积分数 φ_B（即容积浓度 λ）之间的关系可表示为：

$$\psi_h = \psi (1 - \varphi_B)^{-n_s} \tag{2-37}$$

利亚申科得出均匀粒群干涉沉降速度经验公式的形式为

$$v_h = v_0 (1 - \varphi_B)^n \tag{2-38}$$

利亚申科曾导出式(2-37)和式(2-38)指数关系 $n_s = 2n_N$，但在推导时隐含了阻力系数与沉降速度（或者说雷诺数）无关的假定，故只能适用于牛顿－雷廷智公式范围，若牛顿－雷廷智公式范围的 n 值用 n_N 表示，则有 $n_s = 2n_N$。对斯托克斯公式范围，可以导出 $n_s = n$，即 n_s 就是斯托克斯公式范围的 n 值。这个结果表明，无论是层流的斯托克斯公式范围还是紊流的牛顿－雷廷智公式范围，体积分数对阻力系数的影响都是一样的。

在利亚申科试验中，得出指数 $n = 2.5 \sim 3.8$。其他许多研究者也是得出了形式如式(2-38)的公式，只是个人所得 n 值及适用的雷诺数范围不同。n 值均在 $2.33 \sim 8.33$ 之间变化，但大多数介于 $2.33 \sim 4.65$ 之间，即斯托克斯公式范围 $n_s \approx 4.65$，牛顿－雷廷智公式范围 $n_N \approx 2.33$，大致有 $n_s = 2n_N$，与上面的分析基本一致。

B n 值的影响因素

n 值与粒群的粒度和形状有关，粒度减小和形状不规则将使悬浮体的有效黏度增大、沉降速度降低，这种影响在式(2-38)中即表现为 n 值增大。事实上，粒度对 n 值的影响是雷诺数对 n 值影响的反映，大量的研究表明，n 值是雷诺数的函数。对于非球形颗粒，n 值还与形状有关。球体、石英和煤的 n 值与自由沉降雷诺数的关系如图2-4所示。

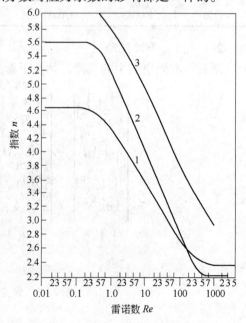

图2-4 n 值与自由沉降雷诺数的关系
1—球体；2—石英；3—煤

由图 2-4 可以看出，n 值与绕流流态有关，在层流流态和紊流流态下，n 值趋近于一个常数。在过渡区，n 值随雷诺数的增大而减小。

C　n 值与雷诺数关系

凯利（E. G. Kelly）和斯波蒂斯伍德（D. J. Spottiswood）于 1982 年提出式（2-37）中指数 n 的变化规律为

$$n = \frac{4.8}{2 + m} \tag{2-39}$$

式中，m 为瑞利曲线的斜率（在斯托克斯公式范围内，$m = -1$；在牛顿-雷廷智公式范围内，$m = 0$；在过渡区内，$m = -1 \sim 0$。

由于 n 值还与形状有关，同样雷诺数下形状不同颗粒的 n 值不同，还可以把式（2-39）表示为更一般的形式，即

$$n = \frac{a}{b + m} \tag{2-40}$$

式中，a，b——常数。

如果已知阻力系数与雷诺数的函数关系，就可以求出瑞利曲线的斜率。从阻力系数公式（2-19）可求出

$$m = -\frac{2k}{\sqrt{Re} + 2k} \tag{2-41}$$

D　干涉沉降速度的通用公式

把式（2-38）、式（2-40）和式（2-41）一起组成干涉沉降速度的通用公式，即

$$v_h = v_0 \left(1 - \phi_B\right)^{b - \frac{a}{\sqrt{Re} + 2k}} \tag{2-42}$$

姚书典于 1982 年曾提出了均匀球群干涉沉降速度的通用公式，即

$$v_h = v_0 \frac{\sqrt{1 + \frac{(1 - \phi_B)^{4.65} G_0 \rho}{146 K \mu^2}} - 1}{\sqrt{1 + \frac{1}{146 K} \frac{G_0 \rho}{\mu^2}} - 1} \tag{2-43}$$

式（2-43）中的 K 不是常数，可按式（2-44）计算

$$K = \frac{1 + \left(1000 \frac{\mu^2}{G_0 \rho}\right)^{0.37}}{\left(1 + 1000 \frac{\mu^2}{G_0 \rho}\right)^{0.37}} \tag{2-44}$$

2.1.4　颗粒在介质中的沉降运动与等降比

2.1.4.1　等降现象与等降比

颗粒的沉降速度与颗粒粒度、密度及形状等因素有关。如果密度、粒度和形状等不完全相同的颗粒以相同的沉降速度沉降，则称这种现象为等降现象。具有相同沉降速度的颗粒称为等降颗粒。密度小的颗粒粒度与密度大的颗粒粒度之比称为等降比，写成 e_0，即

$$e_0 = \frac{d_{v1}}{d_{v2}} \tag{2-45}$$

等降现象在重选实践中有重要意义。当对粒群进行水力分级时，每一粒级中的轻密度物料的粒度总要比重密度物料大，如能知道其中一种物料的粒度，则另一种物料粒度即可用等降比求得。另外，若一组粒群中最大颗粒与最小颗粒的粒度不超过等降比，则又可借沉降速度差将其中轻、重物料分离开来。

2.1.4.2 自由沉降等降比

应用斯托克斯公式（2-13）、阿连公式和牛顿-雷廷智公式（2-17），可求出不同雷诺数 Re 范围内的等降比。

设两个粒度分别为 d_{v1} 和 d_{v2}（$d_{v1} > d_{v2}$）的球形颗粒在相同介质中等速沉降，利用 $v_{01} = v_{02}$，得到在不同的雷诺数范围的等降比分别为

$$e_0 = \begin{cases} \dfrac{d_{v1}}{d_{v2}} = \sqrt{\dfrac{\delta_2 - \rho}{\delta_1 - \rho}} & \text{当 } Re < 1 & (2-46) \\[3mm] \dfrac{d_{v1}}{d_{v2}} = \sqrt[3]{\left(\dfrac{\delta_2 - \rho}{\delta_1 - \rho}\right)^2} & \text{当 } Re = 25 \sim 250 & (2-47) \\[3mm] \dfrac{d_{v1}}{d_{v2}} = \dfrac{\delta_2 - \rho}{\delta_1 - \rho} & \text{当 } Re = 10^3 \sim 10^5 & (2-48) \end{cases}$$

已知 $\delta_2 > \delta_1$，故除非颗粒形状差别很大，否则 e_0 总是大于1。随着雷诺数的减小，等降比也减小，这是造成微细粒难以分选的主要原因之一。对于较粗颗粒，式（2-46）与重选判据式具有同一形式，可用于判断两种物料分选的难易性。

设方铅矿（密度7500kg/m³）和石英（密度2650kg/m³）的混合颗粒在水中沉降，对于细颗粒符合斯托克斯沉降公式，所以两种矿物颗粒的等降比由式（2-46）得 $e_0 = 1.99$，即细颗粒方铅矿与其粒度1.99倍的石英颗粒一起沉降。对服从牛顿-雷廷智沉降公式的粗颗粒，则式（2-48）得 $e_0 = 3.94$。这说明粗粒级颗粒沉降速度受密度的影响比细粒级大。

2.1.4.3 干涉沉降等降比

干涉沉降等降比用 e_h 表示，即

$$e_h = \frac{d_{v1}}{d_{v2}} \qquad (2-49)$$

因是等降颗粒，故

$$v_{01} = (1 - \varphi_{B1})^{n_1} = v_{02}(1 - \varphi_{B2})^{n_2}$$

设 $n_1 = n_2 = n$，则得

$$e_h = e_0 \left(\frac{1 - \phi_{B2}}{1 - \phi_{B1}}\right)^n \qquad (2-50)$$

或

$$e_h = e_0 \left(\frac{\theta_2}{\theta_1}\right)^n \qquad (2-51)$$

式中 ϕ_B——固体体积分数，即单位体积悬浮液内固体颗粒占有体积，即容积浓度；

θ——松散度，即单位体积悬浮内液体所占有的体积，$\theta = 1 - \phi_B$；

n——与颗粒性质（粒度、形状等）有关的参数（在2.5~3.8之间）。

两种颗粒在同一层间混杂，具有同样的介质间隙。重物料颗粒粒度小，松散度相对较大；轻物料则相反，松散度相对较小，故总是 $\theta_2 > \theta_1$。因而

$$e_h > e_0 \qquad\qquad (2-52)$$

即干涉沉降等降比始终大于自由沉降等降比。还可看出，干涉沉降等降比 e_h 将随粒群固体体积分数 ϕ_B 的减小（或松散度 θ 的增大）而降低，且以自由沉降等降比 e_0 为极限。固体体积分数 ϕ_B 大，则 e_h 也大，这意味着按密度分层时，允许的粒级范围宽；若粒级范围不变，按密度分层效果更佳。

2.2 物料在垂直交变介质流中按密度分层

2.2.1 分层过程

重选中的跳汰分选主要是指在垂直交变介质中物料按其密度差异进行的分选作业。分层过程大致描绘在图 2-5 中。

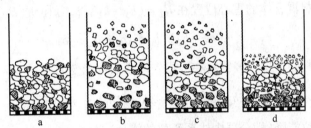

图 2-5 物料在跳汰分选时的分层过程

a—分层前颗粒混杂堆积；b—上升水流将床层松散；c—颗粒沉降分层；
d—水流下降床层密集，重颗粒进入底层

分选过程是：将待分选的物料给入跳汰室筛板上，构成床层。水流上升时推动床层松散，密度大的颗粒滞后于密度小的颗粒，相对留在下面。接着水流下降，床层趋于紧密，重物料颗粒又首先进入底层。如此经过反复的松散－紧密，最后达到物料按密度分层。将分层后物料分别排出，即得到精料和尾料。关于物料在垂直交变介质流中按密度分层原理或跳汰分层原理，归纳起来有两种基本观点：一种是从个别颗粒的运动差异（速度、加速度）中探讨分层原因，称为动力学体系学说；另一种是从床层整体的内在不平衡因素（位能差、悬浮体密度差等）中寻找分层依据，可称为静力学体系学说。它们虽然对松散分层的机理认识各不相同，但各有合理的成分。

2.2.2 静力学体系学说及按密度分层的位能学说

由热力学第二定律可知，任何封闭体系都趋向于自由能的降低，即一种过程如果变化前后伴随着能量的降低，则该过程将自动地进行。迈耶尔（F. Mayer）应用这一普遍原理分析了跳汰过程，认为床层的分层过程是一个位能降低的过程。因此当床层适当松散时，大密度颗粒下降，小密度颗粒上升，应该是一种必然的趋势。

图 2-6 表示床层在分层前后的理想变化情况。取床层底面（即筛面）为基准面。设床层面积为 A；h_1、h_2 分别为轻、重物料所占床层高度；δ_1、δ_2 分别为轻、重物料密度；ϕ_{B1}、ϕ_{B2} 分别为轻、重物料的固体体积分数。两种密度不同的颗粒在自然堆积时固体体积分数是相近的，即 $\phi_{B1} \approx \phi_{B2}$。

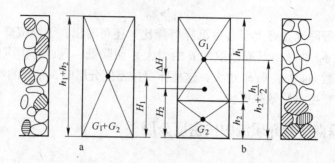

图 2-6　床层在分层前后的位能变化

a—分层前；b—分层后

分层前，轻、重物料混合体的重心位置在 $H_1 = (h_1 + h_2)/2$，则位能 E_1 为

$$E_1 = \frac{1}{2} A(h_1 + h_2)(h_1 \phi_{B1}\delta_1 + h_2 \phi_{B2}\delta_2)g$$

分层后，重物料在下层，轻物料在上层，体系的位能变为

$$E_2 = Ah_2 \phi_{B2}\delta_2 \frac{h_2}{2}g + Ah_1 \phi_{B1}\delta_1 \left(\frac{h_1}{2} + h_2\right)g$$

则分层前后的位能降（即分层中体系释放的能量）为

$$\Delta E = E_1 - E_2 = \frac{h_1 h_2}{2} A(\phi_{B2}\delta_2 - \phi_{B1}\delta_1)g \approx \frac{h_1 h_2}{2} A(\delta_2 - \delta_1)g$$

经计算可得通过分层体系重心的降低高度 ΔH 为

$$\Delta H = \frac{h_1 h_2(\phi_{B2}\delta_2 - \phi_{B1}\delta_1)}{2(h_2 \phi_{B2}\delta_2 + h_1 \phi_{B1}\delta_1)} \approx \frac{h_1 h_2(\delta_2 - \delta_1)}{2(h_2 \delta_2 + h_1 \delta_1)} \qquad (2-53)$$

由以上分析，可得如下认识：

（1）由 $\Delta E \propto (\delta_2 - \delta_1)$ 可见，两种物料只要密度存在差别，即 $\delta_2 > \delta_1$，即有 $\Delta E > 0$，分层过程便能自动进行，而且两种物料密度差值越大，越易按密度得到分层。

（2）ΔE 及 ΔH 均与 h_1 和 h_2 的乘积成正比。从理论上来说，轻、重物料的体积各占 50% 时，分层效果应是最好的。一般说来，给料中重物料体积远低于 50%，由此可以说明，重物料品位高的给料要比品位低的给料好选些。

分层的位能学说完全不涉及流体动力因素的影响，只就分层前后床层内部能量的变化说明分层的趋势，因而属于静力学体系学说。但重选过程离不开流体松散，流体动力学对颗粒运动的影响不可避免，故迈耶尔学说只是一种理想的情况。除了跳汰以外，所有其他重选分层过程，皆可用此予以解释，故现在经常将迈耶尔的位能学说视作重选分层的基本原理而备受尊崇。

2.2.3　动力学体系学说

1952 年，维诺格拉道夫等通过颗粒在垂直交变流中的受力分析，建立了颗粒运动方程

$$\frac{dv}{dt} = -\frac{\delta - \rho}{\delta}g \pm \frac{6\psi(v-u)^2\rho}{\pi d\delta} + \frac{\rho du}{\delta dt} - j\frac{\rho d}{\delta}\frac{d(v-u)}{dt} \pm \frac{6F_m}{\pi d^3 \delta} \qquad (2-54)$$

式中　v ——颗粒速度；

　　　u ——介质速度；

　　　j ——物质质量联合系数（表示与颗粒作同步加速度运动的介质当量体积占颗粒体积的分数，其值介于 0 ~ 1 之间，其大小与颗粒形状有关，对于球形颗粒，$j = 0.5$）；

　　　F_m ——粒间摩擦机械阻力；

　　　" $-$ " ——方向向下；

　　　" $+$ " ——方向向上。

式(2 – 54)考虑到了颗粒在介质中的重力、介质阻力、介质本身作加速运动的附加推力、介质被带动做加速运动的附加惯性阻力及床层中其他颗粒对运动颗粒的摩擦碰撞——机械阻力等。由于这些力的作用关系复杂，要想做出明确的数学解答是很难的，故只能就它们对分层的影响进行定性的分析。对式(2 – 54)可做如下简要分析：

第一项，是只与颗粒和介质密度有关的重力加速度项，即表明了颗粒的初加速度。在跳汰水流周期内，应设计使该项成为主导因素，使床层充分按密度分层。

第二项，颗粒与介质相对运动时阻力加速度项。不仅与颗粒的密度，而且还与颗粒的粒度和形状（反映在阻力系数 ψ 中）有关。由于与相对速度 $v - u$ 的平方成正比，$v - u$ 越大，阻力加速度就越大，使颗粒粒度和形状的影响越突出，恶化分选效果。可见，应尽量减小颗粒与介质相对速度。在跳汰周期中，水流由上升转而下降阶段，颗粒与介质相对速度较小，是分层的有利时机，故应尽量延长这段时间。

第三项，反映了介质加速度对颗粒运动影响，可看出当介质密度一定时，该项仅与颗粒密度 δ 有关。水流在跳汰周期的上升初期，介质加速度方向向上，促使低密度颗粒比高密度颗粒更快上升，这时按密度分层有利，因此，要求上升初期短而迅速。当水流上升后期，加速度方向向下。促使低密度颗粒比高密度颗粒的上升更快地减小，对按密度分层不利，故在跳汰周期中应尽量增大上升水流时间，减小负加速度。同理，当水流下降前期，加速度向下，促使密度低的颗粒比密度高的颗粒下降更快，对分层不利；水流下降后期，水流向上加速度又有利于分层。总之，du/dt 为正（向上）时，对分选有利；为负（向下）时，对分选不利。

第四项，反映了附加质量惯性阻力对颗粒运动的影响。该项对低密度颗粒的影响大于高密度颗粒。在水流上升初期和水流下降末期，使低密度颗粒比高密度颗粒上升快，下降又比高密度颗粒慢，有利分层。但在水流上升末期和下降初期，附加惯性阻力所产生的加速度使低密度颗粒比高密度颗粒提前由上升转为下降，这对分层不利。

第五项，为机械阻力，它随床层松散度的变化极大，其对分层的作用主要表现在床层下降收缩期间，随着床层间隙的减少，受限失去活动性的是那些粗大的颗粒，而细小的颗粒则仍可穿过粗颗粒间隙向下运动。这种细小颗粒在水流带动下的钻隙运动称作吸入作用。适当地控制水流速度可以只将上层细粒高密度颗粒回收到底层，起到补充按密度分层的作用，这是交变水流特有的分选功能。

2.3　斜面流分选原理

借助沿斜面流动的水流进行重力分选的方法称作斜面流分选。早年，多以厚水层在长溜槽中处理粗粒物料。近年，发展了以薄层水流处理细粒物料的分选方法，称为流膜分选。

2.3.1　斜面水流运动特性

2.3.1.1　斜面水流的流态

水流沿斜面流动是在自身的重力沿斜面的分力作用下发生的，属于无压流动。如果斜槽的断面、坡度、槽底粗糙度在沿程保持一致，则在一定流量下，流速也维持不变，这种流动称作等速流；否则即是非等速流。这两种流动形式在斜面流分选中均有采用。如果斜槽是处于某种运动状态，槽内任一点的水流速度均随时间而变化，这种流动形式则称为非稳定流；若水流速度不随时间而变化，则属稳定流。

斜面流的流态同样有层流和紊流之分。层流中的流体质点作沿层运动，层间不发生交换，但质点本身仍可以旋转。紊流的特点是流体内存在大小无数的漩涡，层间质点不断地进行交换。流态的差异照例可用雷诺数 Re 判断。

$$Re = \frac{Ru_{\text{mea}}\rho}{\mu} \qquad (2-55)$$

式中　　u_{mea}——斜面水流的平均速度；

　　　　ρ——介质密度；

　　　　μ——介质黏度；

　　　　R——水力半径，定义为过水断面积与湿周长之比，即

$$R = \frac{A}{L} = \frac{BH}{B+2H} \qquad (2-56)$$

　　　　B——水流流动宽度；

　　　　H——水流厚度。

在流膜分选中，水层厚度远小于水流（槽）宽度，即 $B >> 2H$，故可近似写成

$$R \approx H \qquad (2-57)$$

表示层流和紊流的雷诺数并不是一个固定值，由紊流变为层流的雷诺数称为下限雷诺数，由厚水层明渠测定得知，下限雷诺数 $Re \approx 300$；由层流变化为紊流的雷诺数称为上限雷诺数，其临界值大约是1000，很不稳定；在上限和下限雷诺数之间的流态是层流也可以是紊流，与初始流态有关。

2.3.1.2　层流斜面流特性

如图2-7，层流斜面流水速 u 沿水深 h 的分布，可由层间内摩擦力（式（2-4））与重力沿斜面分力 $G_x = (H-h)A\rho g\sin\alpha$ 的平衡关系导出，即 $F = G_x$，$\mu A \dfrac{du}{dh} = (H-h)A\rho g\sin\alpha$，对此式分离变量积分导出式（2-58）

$$u = \frac{\rho g \sin\alpha}{2\mu}(2H-h)h \qquad (2-58)$$

式中　α——斜槽倾角。

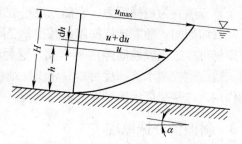

图2-7　层流水速沿深度分布计算图

令 $h = H$，代入式（2-58）中得到表层的最大水速 u_{max} 为

$$u_{max} = \frac{\rho g \sin\alpha}{2\mu} H^2 \tag{2-59}$$

由此知水速的相对变化为

$$\frac{u}{u_{max}} = 2\frac{h}{H} - \left(\frac{h}{H}\right)^2 \tag{2-60}$$

式（2-60）表明，层流水速沿深度分布为一条二次抛物线。用积分求平均值法可求得高度 h 以下水层及全流层 H 的平均流速（见式（2-61））：

$$u_{hmea} = \frac{\rho g \sin\alpha}{2\mu}\left(1 - \frac{h}{3H}\right)Hh \tag{2-61}$$

求出 $h = H$ 时的 u_{mea}，再与 u_{max} 比较，可得平均流速和最大流速的关系为

$$u_{mea} = \frac{2u_{max}}{3} \tag{2-62}$$

2.3.1.3 紊流斜面流特性

A 紊流斜面流水速沿深度分布

紊流斜面流的水速度 u 沿水深 h 分布曲线可近似地用高次抛物线表示（图2-8）。

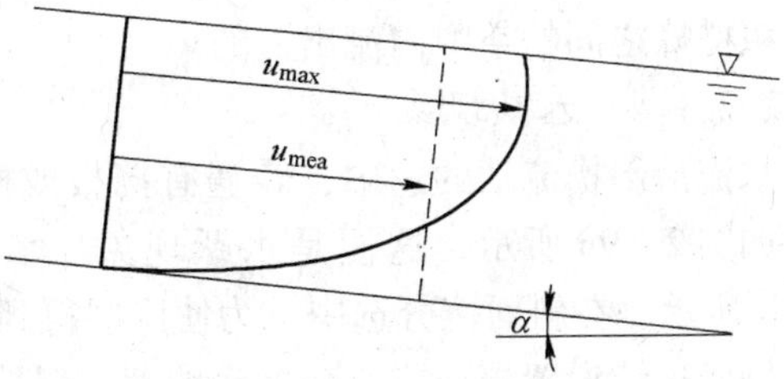

$$u = u_{max}\left(\frac{h}{H}\right)^{\frac{1}{n}} \tag{2-63}$$

式中 n——常数，随雷诺数的增大而增加，并与槽底粗糙度有关。

对于光滑槽底，紊动程度足够高时

图2-8 紊流斜面流水速沿深度分布

（Re 约达 5×10^3），$n = 7$，水力学中称此为 1/7 次方定律。Re 继续增大，n 值可达到 10。重选中粗粒溜槽水速可到 $1 \sim 3\text{m/s}$，紊动程度不算很高，n 值可取 $4 \sim 5$。

处理细粒级物料的弱紊流膜，n 值取 $2 \sim 4$。处理微细粒级的流膜流速一般只有 0.15m/s 左右，接近于层流流态，此时在 $h/H < 0.2$ 高度内，n 值取 1.25；在 $h/H > 0.2$ 高度内，n 取 2.0。如果需要计算速度分布的绝对值，则必须先求出最大流速 u_{max}。根据式（2-63）可导出全流层 H 的平均流速 u_{mea}。

$$u_{mea} = \frac{n}{n+1}u_{max} \tag{2-64}$$

B 紊流斜面流的脉动速度

紊流中由于流体质点不断地随漩涡交换位置，使其中某指定点的水速不仅大小发生变化，而且方向也不固定。对于某微层的流动速度，只能以规定时间段内的平均值——时均速度来表示。某点流体的瞬时速度与该点的时均速度之差称为瞬时脉动速度。脉动速度显然是水流紊动性的主要特性之一，虽然水流的脉动式沿纵向（流动方向）、法向（与水流垂直方向）和横向三个方向发生，但对于重力分选最有意义的则是法向脉动速度。它是紊流斜面流中松散颗粒层的主要作用因素。

瞬时脉动速度在上下波动中方向有正负，其平均值应为零。故在衡量法向脉动速度

u_{im} 的大小时，我们用时间段 $t_{1 \sim 2}$ 内法向瞬时脉动速度的时间均方根表示。

$$u_{im} = \sqrt{\frac{1}{t_{1-2}} \int u_y'^2 \mathrm{d}t} = \sqrt{\overline{u_y'^2}} \qquad (2-65)$$

式中　u_y'，$\overline{u_y'^2}$——法向瞬时脉动速度和法向瞬时脉动速度的时间均方值。

根据漩涡的形成过程可知，脉动速度除最底层外，应是下部较强，向上逐渐减弱。据在光滑底面的明槽中测定，在相对深度 $h/H = 0.05 \sim 0.91$ 范围内，脉动速度的相对值 u_{im}/u_{max}（其中 u_{max} 为水流最大流速）由下部的 0.046 降到上部的 0.038。如按水流的平均流速计，则脉动速度的大致范围是

$$u_{im} = \left(\frac{1}{21} - \frac{1}{17}\right) u_{mea} \qquad (2-66)$$

脉动速度随水流平均速度的增大而增大，故一般可写成

$$u_{im} = m u_{mea}$$

式中，m 为系数，随流速和槽底面粗糙度的增大而增加。

槽底面粗糙度增加也会使脉动速度加大。在槽底有粗颗粒沉积时，在同样流速下，其脉动速度将比光滑的槽底面高 0.5~1 倍。这是由于槽底粗糙时，升举的流体几乎是垂直地从粗糙峰之间的空隙内流出去的。

2.3.1.4　水跃现象

水流沿斜槽流动的途中，若遇有挡板或槽沟等障碍，则在障碍物的上方水面突然升高，如图 2-9a 所示，这便是水跃现象。水跃也可发生在底部有转折的斜槽中，如图 2-9b 所示。在斜面流分选中，为使床层得到更好的松散，可以借水跃方法达到。为此可以在槽底连续设置挡板或改变槽底坡度。但挡板高度或面坡度必须适当，过强的水跃不利于稳定分层，且会造成细粒损失。

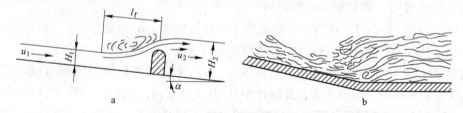

图 2-9　水跃现象

a—槽底障碍水跃；b—槽底转折水跃

2.3.2　粗粒群在厚层紊流斜面流中的松散分层

粗粒溜槽中物料的选别，主要是根据密度不同的颗粒在斜面水流中的运动差异实现。颗粒沿槽底的运动可根据颗粒受力分析得出，如图 2-10 所示。

（1）颗粒在水中的有效重力：

$$G_0 = \pi d^3 (\delta - \rho) g / 6$$

（2）水流作用力：

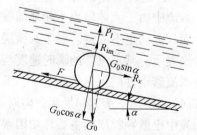

图 2-10　颗粒在紊流斜面槽底受力分析

$$F_R = \psi d^2 (u_{pm} - v)^2 \rho$$

（3）水流因脉动引起的上升推力：

$$F_{im} = \psi d^2 u_{im}^2 \rho$$

（4）颗粒与底面的摩擦力：

$$F_f = (G_0 \cos\alpha - \psi d_{im}^2 \rho)f$$

式中　u_{pm}——作用于颗粒上的水流平均速度；

　　　v——颗粒运动速度；

　　　u_{im}——水流法向脉动速度；

　　　f——颗粒与槽底的摩擦系数。

此外，还有水流绕颗粒流动产生的法向举力以及流体黏性力等。当颗粒粒度较大时，这两种力可不予考虑。同时，颗粒较大时，F_{im}较小，也可略去不计。

当运动平衡时，有

$$G_{0\sin\alpha} + \psi d^2 (u_{pm} - v)^2 \rho = fG_{0\cos\alpha} \tag{2-67}$$

移项，以 $\psi d^2 \rho$ 除以式（2-67）的两侧并开方，再将颗粒沉降末速平方 $v_0^2 = \pi d (\delta - \rho)$ $g/6\psi\rho$ 代入，则

$$v = u_{pm} - v_0 \sqrt{f\cos\alpha - \sin\alpha} \tag{2-68}$$

颗粒刚能运动的水流速度称作冲走速度，写成 u_0。令 $v = 0$，得

$$u_0 = v_0 \sqrt{f\cos\alpha - \sin\alpha} \tag{2-69}$$

当斜槽坡度较小时，$\cos\alpha \approx 1$，$\sin\alpha \approx 0$，可写成 $u_0 = v_0 \sqrt{f}$，由于 $u_{pm} = u_{mea}\left(\dfrac{d}{H}\right)^{\frac{1}{n}}$

故得

$$v = u_{mea}\left(\frac{d}{H}\right)^{\frac{1}{n}} - v_0 \sqrt{f} \tag{2-70}$$

式（2-70）中，颗粒的运动速度与颗粒粒度及摩擦系数有关。当密度及 f 为常数时，颗粒运动速度随粒度的增大而增大。对相同摩擦系数的等降粒，小密度粗粒的运动速度将大于密度细粒的运动速度，因平均速度 u_{pm} 随着底面距离的增加而加大。

对上述公式进行分析，可得到如下一些认识：

（1）粒度相同的颗粒，密度越大，沿斜面的运动速度 v 越小（而沉降时，密度越大的颗粒，沉降速度却越大）；密度大的颗粒与密度小的颗粒沿槽底的速度差是随两者粒度的增大而增大，说明粒度大的颗粒比粒度小的颗粒易于在斜槽中获得分选。

（2）密度相同而粒度不同的颗粒，其移动速度的变化存在一极大值。密度不同的颗粒运动速度 v 出现最大值的位置不同，密度大的颗粒出现在较小的 d/H 值处；密度小的颗粒出现在较大的 d/H 处。

（3）在斜槽中，密度大的粗颗粒和密度小的细颗粒具有相等的沿槽移动速度而成为等速颗粒（与沉降时等降颗粒情况正好相反），因此垂直流中呈等降的颗粒可在斜面流中得到分选。

2.3.3　细粒群在薄层弱紊流斜面流中的松散分层

弱紊流斜面流膜被用于处理相对细粒级矿石（2~3mm 以下），常在摇床、尖缩溜槽、

圆锥选矿机及螺旋分选机内见到。流膜厚度一般为数毫米，在局部区域可达十几毫米。流速较大，上下层间的浓度差也较大。分层后的轻、重物料依运动速度不同，或依展开的轻重物料的不同分带区用切割法分离。回收粒度下限 $30 \sim 40 \mu m$。

在紊流中由于存在着漩涡和水流的脉动，因而在水流作用下，颗粒可以产生向槽底沉降、沿槽底运动、悬浮或跳跃式的运动。当颗粒粒度较小时，水流对颗粒的升力大于颗粒的重力时，则颗粒悬浮；如升力与重力接近时，颗粒可能保持跳跃运动或者不连续的跳跃运动。依据流膜内的松散作用和浓度差异，可将弱紊流矿浆流膜分作三层结构来分析，如图 2 – 11 所示。最上一层紊动度不高，固体浓度很低，称为表流层；中间较厚的层内，小尺度漩涡发达，在紊动扩散作用下，悬浮着大量轻物料向前流动，称为悬移层；最下部流态发生了变化，若在清水中就属层流边层，在这里颗粒大体表现为沿层运动，故可称为流变层。在重力场中弱紊流料浆流膜是很少有沉积层的。

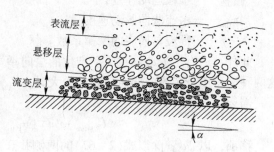

图 2 – 11　弱紊流料浆流膜的结构

弱紊流中的悬移层借助紊动脉动速度维持粒群悬浮，结果如同上升水流中悬浮不均匀粒群那样，粗的和密度高的颗粒将较多地分布在下层。与此同时，大尺度的回转漩涡还不断地将大密度颗粒转移到底层，在该层底部集聚后，小密度颗粒又被排挤到上层，进行着初步地按密度分层。在料浆进行一段距离后，悬移层中主要剩下小密度颗粒，在快速流动中被排出槽外。

弱紊流中的流变层，粒群主要借助层间斥力松散，接着发生分层转移。由于在这里粒群的密集程度较高，又没有大的垂直介质流速干扰，因此分层能够近似按静态条件进行。物料因密度不同各自在局部区域产生了静压强的不平衡。小密度颗粒被排挤向上层转移，而大密度颗粒则保留在本层中，当两种物料粒度差不很大时，分层将接近按悬浮体密度 ρ_{su} 发生，由式（2-2）可知其条件是

$$\phi_{B_2}(\delta_2 - \rho) + \rho > \phi_{B_2}(\delta_1 - \rho) + \rho \qquad (2-71)$$

可见，流变层是按密度分层最有效区域。这样的分层，原则上应与颗粒粒度无关。实际上，细小的小密度颗粒很容易夹杂在大密度颗粒的间隙中，而粗粒大密度颗粒极易受料浆流推动，快速运动损失到轻产物中，因此流膜分选中适当地限制给料粒度范围是必要的。在分选过程中保持足够的流变层厚度和相当量的大密度物料聚集在其中也是重要的。

析离分层也是剪切作用下的一种静力分层形式，常发生在粒度范围较宽而最大粒度大于 $2 \sim 3mm$ 情况下。此时如果颗粒群位于剪切运动的槽面上，那么颗粒将处于紧密挨近之中，颗粒自身的重力与床层的机械阻力成为该条件下分层的对立作用面。密度大的颗粒在最初床层处于混杂状态时，具有较大的局部压强，能较早地进入到小密度物料的下面。同时，密度大的细颗粒在向下运动中遇到的机械阻力较小，透过粗颗粒间隙分布到同一密度层的下面，这就形成了图 2 – 12 所示的分层结果。细粒重物料在最底层，其上是粗粒重物料和部分细粒轻物料，再上面的是细粒轻物料，最上层是粗粒轻物料。

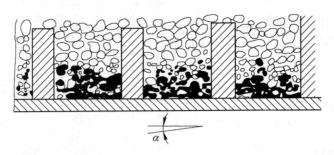

图 2-12 析离分层床层颗粒分布

2.3.4 细颗粒在层流斜面流中的松散分层

颗粒在近似层流流动的流膜内,不能借助紊流扩散作用维持悬浮。拜格诺(Bagnold)于1954年的研究表明:当悬浮液中固体颗粒受到连续剪切作用时,垂直与剪切的方向存在分散压力(斥力)作用,使粒群具有向两侧膨胀的倾向。分散压力的大小随切向速度梯度的增大而增加,当剪切速度梯度足够大时,分散压力与颗粒在介质中的重力达到平衡,颗粒即呈悬浮状态,如图2-13所示。这一学说被称为层间斥力学说,或拜格诺学说。

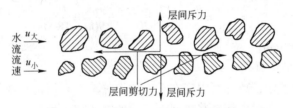

图 2-13 拜格诺学说层间剪切力和层间斥力示意图

在层流流动的料浆中,颗粒完全靠剪切所产生的分散压力松散悬浮,任一层面上的分散压 p 必等于该层面上颗粒在介质中受到的重力在垂直方向上的分力,即

$$p = G_h = (\delta - \rho)g\cos\alpha \int_h^H \phi_B \mathrm{d}h \qquad (2-72)$$

式中 α ——斜面倾角;

ϕ_B ——该层面上的颗粒体积分数;

h ——被考查层面距槽底面的高度。

若设由层面 h 至液面 H 范围内的料浆平均体积分数为 $\phi_{B,\mathrm{mea}}$,则 p 或 G_h 可按式(2-73)计算

$$G_h = (\delta - \rho)g\cos\alpha(H - h)\phi_{B,\mathrm{mea}} \qquad (2-73)$$

层流料浆流膜用于处理微细粒级物料(-0.075mm)。在固定的细泥溜槽、皮带溜槽、摇动翻床、横流皮带溜槽等设备上流动的料浆近似呈这种流态。料浆是高度分散的悬浮液,黏度比水大,在分选时表面流速较低,为 0.1~0.2m/s。流膜流动层厚度多数在 1mm 左右。回收粒度下限为 10~20μm。分层后的大密度物料沉积在槽底,除槽底能够移动的带式溜槽外,几乎所有的矿泥溜槽都是间断地排出大密度物料。

实际的层流料浆流膜并不是一平如镜的,表面仍有鱼鳞波形式的扰动,但它的影响并不大。层流料浆流膜仍然可以分成三层结构来分析。表面是极薄的表流层。中间层浓度分布较均匀，厚度相对较大，近似地呈层流流态，但仍有微弱的大尺度漩涡扰动痕迹，属于流变层。最下层颗粒难以移动，形成了沉积层，如图 2 - 14 所示。

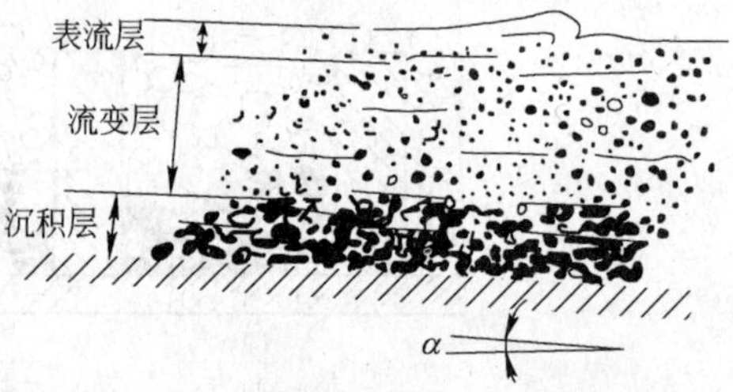

图 2 - 14　层流料浆流膜的结构示意图

2.4　回转流分选原理

2.4.1　概述

在重力场中，重力加速度为定值，限制了颗粒的重力沉降速度，因此设备的处理能力和粒度下限也受到了制约。为了强化重选过程，离心力分选获得了广泛应用。颗粒在回转流中产生的惯性离心加速度与同步运动流体的向心加速度数值相等、方向相反。离心加速度与重力加速度的比值称作离心力强度 i，即 $i = \dfrac{\omega^2 r}{g}$

因 $u_t = \dfrac{2\pi rn}{60} = \dfrac{\pi rn}{30}$

$$i = \frac{\omega^2 r}{g} = \frac{u_t^2}{gr} = \frac{1}{gr}\left(\frac{\pi rn}{30}\right)^2 = \frac{rn^2}{900} = \frac{Dn^2}{1800} \tag{2-74}$$

式中　n ——转数，r/min；

　　　D ——离心机平均直径，m。

在回转流分选设备中，离心力强度在重力数十倍至百余倍之间变化，重力的作用相对很小，常可忽略不计。实践中使料浆做回转运动的方式有三种：

（1）是料浆在压力作用下沿切线方向给入圆形容器中，迫使其做回转运动，这样的回转流厚度通常较大，如水力旋流器；

（2）是借转筒的回转带动料浆做回转运动，料浆呈流膜状，同时相对筒壁流动，如各种离心分选机；

（3）是以中心搅拌叶轮带动介质回转，这种方法常在风力分级设备中应用。此外，有的回转流是料浆沿螺旋槽运动产生的，如螺旋分选机，此时离心力和重力约在同一数量级内。

2.4.2　颗粒在厚层回转流中的径向运动

如图 2 - 15 所示，固体颗粒与水流一起进入旋流器后，随水流做旋转运动，颗粒粒度越细，其密度与液体密度相差得越小，运动轨迹与液体的流线越接近，尤其是极细颗粒在旋流器内几乎与液流质点运动相同。

颗粒在水力旋流器内的受力很复杂，不仅有离心力、重力及液体与颗粒之间的作用力，还存在颗粒之间的相互作用力等。因而，在研究颗粒的运动时，将所有作用力均考虑在内是不可能的。为了使问题简单化，只取介质中的一个颗粒来研究，主要研究颗粒在径向的离心沉降。作用在颗粒上的力只考虑颗粒的惯性离心力和径向液体阻力，由于液体径向运动方向是指向中心的，与离心力方向相反，因此，颗粒运动方向取决于颗粒的离心沉降速度和液体向心运动速度之差。类似于重力场中颗粒在上升水流中的沉降情况。当离心

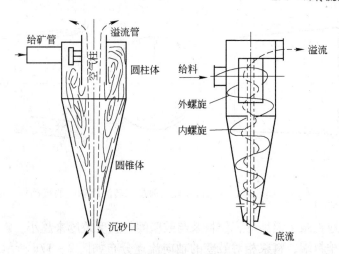

图 2-15　水力旋流器构造及矿浆颗粒在其中的运动

沉降速度与液体向心速度相等时，颗粒保持在某一固定半径处回转，这个回转半径即该颗粒的回转半径，以 r_H 表示。粒度不同的颗粒，其回转半径不同。粒度越细，离心沉降速度越小，回转半径越小。

旋流器入料粒度一般很细，颗粒的离心沉降速度 v_{or} 可用斯托克斯公式计算，即

$$v_{or} = \frac{d^2(\delta - \rho)\omega^2 r}{18\mu} \qquad (2-75)$$

在 $r = r_H$ 处，$v_{or} = u_{rH}$（u_{rH} 为半径处的液体径向流速），而 $\omega^2 r_H = u_t^2/r_H$，代入式（2-75），得

$$r_H = \frac{d^2(\delta - \rho)u_t^2}{18\mu v_{or}} \qquad (2-76)$$

或

$$r_H = \frac{d^2(\delta - \rho)\ u_t^2}{18\mu u_{rH}} \qquad (2-77)$$

颗粒向器壁沉降的结果使靠近器壁处的浓度增大，颗粒沉降速度降低。在水力旋流器等厚层回转流中，料浆的切向流速很大，粒群在紊动扩散作用下悬浮，大致按干涉沉降规律分层，故厚层回转流主要用于分级。在给入重悬浮液时，也可以通过增大向心浮力达到按密度分层。

2.4.3　薄层回转流的流动特性及颗粒分选

离心分选机是我国于 20 世纪 60 年代初期研制成功的离心溜槽设备。在旋转的截锥形转筒中，料浆由小直径端沿切线方向给到筒壁，在离心力作用下随即附在筒壁上形成流膜，同时，沿着筒壁的轴向坡度向大直径端流动，如图 2-16 所示。当流动摩擦力与坡降损失达到平衡时，流速不再增加，成为等速流。生产中应用的转筒长度都不大，料浆还没有达到平衡就被排出筒外，实际属于非稳定的流动过程。

流膜在离心机内既随鼓壁做旋转运动，又沿鼓壁倾斜作轴向运动。实验表明，料浆由给料嘴喷出给到转鼓，由于喷出速度（1～2m/s）大大低于转鼓线速度（14～15m/s，或更高），因而料浆因惯性力而滞后于鼓壁运动，出现切向之后速度。随着流动时间的延

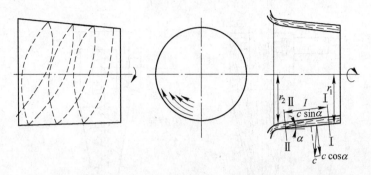

图 2 – 16 离心分选机原理及薄层回转流沿轴向的流动

长，黏滞力有力地克服了惯性力，使料浆与鼓壁间的速度差越来越小。

从给料端到排料端，料浆相对鼓壁的轴向流速分布如图 2 – 17a 所示。流膜沿厚度方向（径向）相对于鼓壁的流速分布，见图 2 – 17b。料浆沿轴向的运动主要在惯性离心力作用下发生。轴向流速沿厚度的分布与一般斜面流相同。

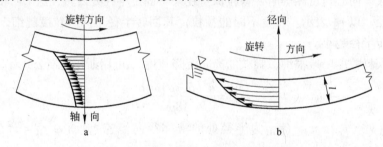

图 2 – 17 离心分选机内流膜切向流速的变化
a—流膜切向流速沿轴向的变化规律；b—流膜切向流速沿径向的变化规律

离心机内液流运动的合速度和方向即是上述切向速度与轴向速度的向量和，相对地面而言，料浆质点的运动迹线表现为一条空间螺旋线。由于流膜沿轴向上下层运动速度的不同，上层与下层螺旋运动的螺距也不相同，上层液流的螺距大于下层，因此分层后位于上层的轻物料可以很快被带到转鼓外，而位于底层的重物料则滞留在转鼓内。

离心分选机的分选机理与重力场中弱紊流流膜的分选机理大致相同，只是由于颗粒受到比重力大得多的离心力的作用，使大密度颗粒沉积在鼓壁上难以移动，因此此重力溜槽多了一个沉积层，需要间断排出。在离心力作用下，颗粒的沉降速度比料浆的轴向流速的增加幅度更大，所以大密度颗粒经过很短的距离就进入底层被回收。紊流脉动速度的增长比颗粒的离心沉降增长的幅度小，这就造成离心机可以有更低的回收粒度下限。

2.4.4 螺旋回转斜面流分选原理

由垂直轴线的螺旋形槽体构成的流膜重选设备成为螺旋分选机或螺旋溜槽。螺旋分选机的螺旋圈内一般为 3~6 圈。料浆自上端给入后，在沿槽内流动的过程中发生分层，进入底层的大密度颗粒趋向于向槽内缘运动，小密度颗粒在回转运动中被甩向外缘。分带后沿内缘运动的重物料通过截取器排出。

（1）液体在螺旋槽内的流动特性。液流在螺旋槽内存在两种流动：一种是沿螺旋槽纵向的回转运动；另一种是螺旋槽横断面上的循环运动，又称为二次环流，如图2－18所示，二次环流产生的原因是在离心力作用下，表面液流回转速度高，离心力作用较大，被甩向槽边缘，而底层液回转速小，离心力作用小，受重力影响较大，倾向于内缘运动。

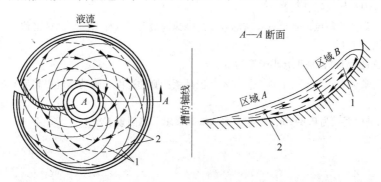

图2－18　螺旋内的液流流动特性
1—上层水流运动轨迹（实线）；2—下层水流运动轨迹（虚线）

在槽面的不同半径处，水层厚度和平均流速不同，越向外缘水层越厚，流动速度越快。给入水量增大，湿周会向外扩展。随着流速的变化，液流在螺旋槽内表现为两种流态，靠近内缘近于层流，外缘为紊流。

（2）不同密度颗粒在螺旋槽内分选。料浆中不同密度颗粒在螺旋槽内的运动过程中，由于作用力的大小和方向不同，产生了纵向和横向的相对运动，从而实现分选。颗粒在螺旋槽内的松散分层过程与一般弱紊流斜面层中的一样，粒群在沿槽底运动过程汇总，大密度颗粒逐渐进入底层，小密度颗粒进入上层，大约在第一圈之后完成分层。

分层后，形成了以重物料为主的下部流动层，和以轻物料为主的上部流动层。在同一直径位置上，下层颗粒密集度大，又与槽表面接触，受上面的压力最大，因此，运动阻力也大。处于上部流层的颗粒则相反，所受运动阻力较小。这样就增大了上下流层间的速度差，小密度颗粒位于纵向流速高的上层液流内，因而具有较大的惯性离心力，同时横向环流又给予它们方向向外的流体动力作用。这二者的合力超过颗粒的重力分力和摩擦力，这样小密度颗粒就向槽的外缘移动。大密度颗粒处于纵向流速较低的下层液流内，因此具有较小的惯性离心力，而颗粒的重力分力和横向环流则给予它们方向向内的流体动力作用。后两项力超过颗粒的惯性离心力和摩擦力，推动大密度颗粒向槽的内侧移动并富集内缘区域。其他中间密度的连生体颗粒占据着槽的中间带。这种分带运动大约持续到第三四圈就基本完成。

 复习与思考题

1. 从某矿中洗下的微细泥质量浓度为12%，已知矿石密度3200kg/m³，水的密度为1000kg/m³，求矿浆固体容积浓度。
2. 为什么说压差阻力与流体的惯性力损失是一致的，在形成压差阻力时是否仍有黏性阻力？
3. 什么是自由沉降？什么是干涉沉降？
4. 已知石英与水的密度分别为2650kg/m³和1000kg/m³，水的运动黏度为1.007×10⁻⁶m²/s。求直径为

0.02mm 的球形石英颗粒在水中的自由沉降速度。

5. 已知煤与水的密度分别为 1350kg/m³ 和 1000kg/m³，水的运动黏度为 1.007×10^{-6} m²/s，测得某个球形煤粒在水中的自由沉降速度为 0.02415m/s，求煤粒的直径。

6. 等降比在重选中有何实际意义？

7. 同一体积当量直径的颗粒，是否只有球形颗粒沉降速度最大，为什么测定的球形修正系数，除球形外其他形状的均小于 1？

8. 等降比是否总是大于 1，是否有小于 1 的情况？

9. 斜面水流的流量和槽底坡度一定时，怎样才能提高紊流脉动速度，脉动速度提高后对矿石分选将有何影响？

10. 已知离心机平均直径为 0.842m，转数为 500r/min，求分离因素 K？

3 重选方法和设备

本章内容简介

本章主要介绍重力选矿的方法和设备。重力选矿以组成矿石的各种矿物间的密度差异为主要依据，以介质（空气，水，重悬浮液，重液）为必要条件，以选矿机械为基本手段，使密度不同的矿粒群在随重选设备的介质运动中，经沉降分级—松散分层—定向分离过程，实现按密度分离，从而得到不同密度的产品。各式各样的重选设备既为矿物分选提供空间，又加快了分选过程。

根据重选过程中矿粒、介质及机械不同的运动方式，重选一般分为洗矿、水力分级，重介质选矿，跳汰选矿，摇床选矿，溜槽选矿，离心选矿等。影响重选设备选矿指标高低的因素主要是：设备结构、物料性质、工艺参数几个方面，设备结构和工艺参数应适应物料性质。

3.1 洗矿

3.1.1 概述

除去矿石中黏土质物料的过程叫洗矿。其实质是一种处理与黏土胶结在一起或含泥多的矿石的重力选矿过程。其特点主要是按粒度分离物料的过程。整个过程大体包括碎散和分离两个步骤。碎散就是借水的浸泡冲击和搅拌使黏土质物料碎解和分散；分离就是借水流的作用将悬浮于水中的黏土质细粒和矿泥与粗粒物料分开。对有些物料，碎散和分离两个步骤是分别进行的；但是，对于大多数物料，碎散和分离几乎是同时进行的。只要包括这两个步骤并得出粗粒和细粒或矿泥产品的作业和流程，均可统称为洗矿。

黏土质物料来源于矿床中的黏土类矿物或被黏土所胶结成团的、风化成细粒的矿石；某些亚黏土类矿物的风化或蚀变产物以及开采过程中被粉碎了的造泥矿物。这几种情况都可能产生"泥"而混入矿石中，构成含泥物料（或矿石）。

关于"泥"，到目前仍没有一个完全统一而明确的概念和严格的粒度界限。在实际生产中，都是根据各个不同的具体工艺条件和物料的特性而确定"泥"的粒度界限。如在有色金属选矿厂，把影响碎矿作业的"泥"的粒度界限确定为 -0.3mm。但是，在有些选矿厂仍然习惯地以 200 目（0.075mm）作为"泥"的界限。

由于"泥"没有确定的概念，因而，含泥物料的可洗性能也就无法有完整意义的表述。近年来，基于洗矿动力学的研究，引出了可洗性系数的概念，能比较准确地反映洗矿过程。以含泥杂质（可以一定的粒度为界）在溢流中的最大回收率表示洗矿强度，此时所需的时间 t，称为代表性的洗矿时间，可洗性系数 K 计算公式如下：

$$K = 0.5t_0\varepsilon_0 + 6(t_0\varepsilon_0)^2$$

式中 ε_0 ——一定粒度在洗矿溢流中的最大回收率；

  t_0 ——在溢流中获得最大回收率的洗矿时间，s。

洗矿应用最多的是作为选别前的准备作业，置于拣选（包括手选和光电选）、破碎、重选（包括重介质选矿）、磁选和浮选作业之前。目的在于消除矿泥对这些作业的影响和危害，以改善这些作业的工艺条件，提高作业效率和获得良好的选别指标。如在处理砂锡矿时，利用洗矿方法分离出粗粒的不含矿的废石，所得细粒级部分再经脱泥入选可以减少入选量。井下采出的钨矿石，尽管含泥不很多，但为了手选或光电选便于识别，亦常需要洗矿。某些含泥多的矿石，预先用洗矿方法将矿泥与矿块分开，可以避免在操作中堵塞破碎机、筛分机以及矿仓等设备。有些矿石的原生矿泥和矿块在可选性上（如可浮性、磁性等）有很大差别，经过洗矿将泥、砂分开，分别处理，可以获得更好的选别指标。

洗矿也可作为独立作业。如某些坡积或残坡积氧化严重的赤铁矿、褐铁矿、锰矿石等，通过洗矿可获得合格产品。又如供冶炼用的辅助材料石灰石，通常也用洗矿方法除去杂质以获优质石灰石。在金刚石砂矿中，金刚石颗粒呈松散或胶结状存在，一般不需要进行破碎和磨矿，要将原矿进行洗矿、筛分和脱泥，即可将大块砾石和细泥尾矿分出，获得粗精矿（或称净砂），进一步用重选法即可产出最终精矿。

必须指出，洗矿过程用水量很大，常有大量污水排出，考虑采用洗矿作业时，应同时考虑水的回收利用和污泥处理问题，否则会带来对环境的污染。

3.1.2 洗矿设备

3.1.2.1 洗矿设备的分类及其在我国选矿中的应用情况

不同可洗性矿石所用洗矿设备不同，因此洗矿设备种类较多。按碎散含泥物料的方法，可将洗矿设备分为两类：

（1）借高压水流的动力作用来碎散含泥物料，如洗矿溜槽水力洗矿床和各式平面筛等；或者是在低压水流中，借矿块彼此间和矿块与机械表面的摩擦来碎散含泥物料的，如圆筒洗矿机、擦洗机等。

（2）完全靠设备的机械作用来完成的，如槽式洗矿机、机械分级机等洗矿机。

按排出矿泥的方式，洗矿设备也可分为两类：一类是粉矿和矿泥通过筛孔排出；另一类是以溢流的形式排出矿泥。在前一类洗矿机中，粒度大小由筛孔控制，筛上物料则为洗矿产品或进入下段处理；粉矿和矿泥混合以矿浆状作为筛下物料废弃或进一步处理。在后一类洗矿设备中，粒度的大小由洗矿给水量和洗矿设备的堰板高度来控制。洗过的矿石以块状或粒状沉积在洗矿设备中，借转动机构排出作为洗矿产品，其含水量在大多数情况下都是比较高的。溢流废弃或进入选别作业处理。

我国目前洗矿设备的应用情况大体是：在处理砂矿和采金船中，常用洗矿溜槽和圆筒洗矿机。在处理残坡积砂锡和锰矿时，结合水力开采，常采用水力洗矿床，即用高压水枪和多种筛子组成的一种组合式洗矿装置。在有色金属矿石的洗矿作业中，常用双层振动筛（或连续设置的两台单层振动筛）加螺旋分级机作为洗矿设备。在金刚石矿的洗矿中，常采用圆筒洗矿机，槽式洗矿机和带头筛的擦洗机。在一些黑色金属选矿厂中常用振动筛、圆筒洗矿机和槽式洗矿机。在磷矿的洗矿中，大都采用各种振动筛和槽式洗矿机。洗矿用的各种振动筛都是定型的筛分机加高压水冲洗。圆筒洗矿机大都是各生产矿山根据实际需要自行设计和制造的，槽式洗矿机和擦洗机大都是沿用原苏联的标准，且规格单一。

3.1.2.2 洗矿溜槽

洗矿溜槽在结构上与普通溜槽的不同是在整个溜槽长度的底部安有格栅，并在溜槽端部设置了固定条筛，在溜槽头部（或整个溜槽上部）设有喷嘴。物料在喷嘴高速射出的水流中沿溜槽运动时，粗粒矿块的滑动和翻转，使得矿泥在射流中冲洗掉。生产中为了强化对黏土类杂质的碎散常常采用人工耙矿以及在溜槽的头部给矿漏斗内用高压水枪冲洗。细砂和黏土经溜槽底的格栅与端部的固定条筛与粗粒物料分离。格栅孔隙和条筛筛缝尺寸由工艺条件决定，通常为 10～15mm。洗矿效率与溜槽的长度和角度有关，单位用水量取决于物料的可洗性，通常 1m³ 物料耗水 10～30m³。

洗矿溜槽适用于易洗和中等可洗的矿石。我国多用于一些砂矿和砂金矿石的洗矿，生产中常与圆筒洗矿机或振动洗矿筛联合使用。

3.1.2.3 水力洗矿床

图 3-1 为水力洗矿床（又称水力洗矿筛或水枪条筛）结构示意图。该设备用于水采水运残坡积砂锡矿的矿浆，给入浓度30%左右，处理量 800～1000t/d。系由水枪、平筛、溢流筛、斜筛及废石筛等部分组成。平筛及斜筛宽约3m，平筛长 2～3m，倾角 3°～5.5°；斜筛长 5～6m，倾角 20°～22°。废石筛倾角 40°～45°，两侧溢流筛与平面筛相垂直。条筛多采用 φ25～30mm 圆钢制成。间距依废石粒度而异，一般为 25～30mm。在洗矿床内，矿浆起点落差及床底坡度可根据地形高差条件确定，一般落差应保证在 0.5m 以上，床底坡度则要求大于运矿沟的坡度。

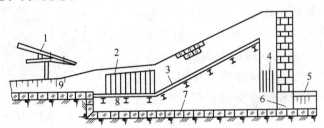

图 3-1　水力洗矿床

1—小水枪；2—溢流筛；3—斜筛；4—废石筛；5，9—运矿沟；
6—筛下产物排出口；7—床底；8—平筛

原矿由运矿沟9直接给到水平筛段上，小尺寸的矿粒及泥浆通过筛缝漏下，继续沿运矿沟流送到选厂内，大于筛缝尺寸的矿块则堆存在平筛与斜筛交界处。

在高压水枪射出的水柱冲洗下，泥团与斜面筛筛条相冲撞而破碎散。碎散后的泥团及小块矿石漏到筛下流走。被冲洗干净的大块废石则被水枪高压水柱推向洗矿床尾端的废石筛上，再经排矿溜槽排至矿车（或皮带运输机上）运往废石场堆存。若废石中含有少量矿石，可设置手选作业，将其选出送碎磨作业处理。

水力洗矿床结构简单，操作容易，处理量大，是我国砂锡矿水采水运应用最多的洗矿设备。它的缺点是水枪需用的水头压力高（在 1MPa 左右），动力消耗大，对细小泥团的碎散能力低等。

3.1.2.4　圆筒洗矿机

圆筒洗矿机（又称洗矿圆筒筛）如图 3 - 2 所示。它实际上是一个加长的圆筒筛。圆筒是由冲孔钢板或编织筛网制成，筒内设有高压冲洗水管。借助筛筒旋转促使矿石翻转、互相撞击而得到碎散。冲洗过程如图 3 - 3 所示。小于筛孔的细颗粒和矿泥经过接料漏斗排出，粗粒矿块则由圆筒的尾端卸下。

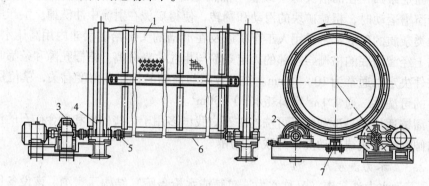

图 3 - 2　圆筒洗矿机
1—筛筒；2—托辊；3—传动装置；4—主传动轮；5—离合器；6—传动轴；7—支撑轮

圆筒洗矿机结构较简单，在进料和排料端有两个无孔的筒体，支承在托辊上回转，中部就是筒筛。当处理的粒度不大时，有单层筒筛就够了，若块度很大时，可设置两层或两层以上的筒筛，其筛孔尺寸由内向外依次减小。圆筒洗矿机通常是倾斜安装，以利物料排出，倾角一般小于 8°。圆筒洗矿机的转速约为临界转速的 30% ~ 40%。圆筒洗矿机具有较强烈的机械和水力作用，适宜处理粒度大的中等可洗和较难洗的矿石。在我国主要用于建筑业洗砂石物料，也可用于某些石英砂矿和采金船上洗选原矿，也有用于一些褐铁矿矿石和个别有色金属矿石的洗矿流程中。

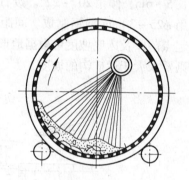

图 3 - 3　洗矿圆筒筛内部喷水装置

为了避免筛孔堵塞，洗矿圆筒最好做成圆锥形，并使直径大的一头朝向排矿端。对于难洗的矿石，在圆筒筛内壁要安设链条和环形的耙齿。

3.2　分级脱泥

3.2.1　分泥斗的构造、规格和工作原理

分泥斗机体的外形是一个倒立的圆锥体，如图 3 - 4 所示，锥体的上部有给矿筒，给矿是切线给入的，切线给入是防止矿浆溅射自圆锥上部溢流槽流出，沉砂进入锥底排矿口排出，在锥底安有高压水管，正对排矿口，其压力应稳定在 0.003MPa，主要是防止沉砂管阻塞，锥体下部为事故排矿开关。锥角为 60°，给矿含泥少时采用 60°，给矿含泥多用 55°。

矿浆由给矿管以切线方向进入给矿筒后，便减少了冲击力，而进入分泥斗液面之下，粗而重的矿粒从锥底下部排出，矿泥和大部分水从锥体上部溢出，形成放射状上升液流。矿粒的自由沉降末速大于上升液流速度，则从下部沉砂口排出，矿粒的自由沉降末速小于上升液流速度则从溢流中排出，从而达到浓缩脱泥的目的。

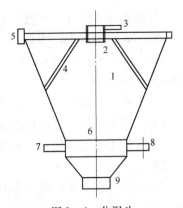

图 3 - 4　分泥斗
1—机体；2—拢砂筒；3—给矿管；
4—三角支架；5—溢流槽；6—锥底；
7—排矿口；8—高压水开关；
9—事故排矿开关

分泥斗的优缺点：

结构简单，便于制造，不耗动力，具有浓缩和脱泥的作用，在一定程度上能起到贮矿。但脱泥效率低，配置上高差较大，有待改进。

分泥斗（见表 3 - 1）的操作要点是：

(1) 保持矿浆液面的平稳，使溢流均匀地从四周溢出，为此，矿浆必须沿切线方向给入给矿筒，以免搅乱矿浆，引起涡流，降低分级效果。

(2) 随时检查锥内的沉砂，不使其量过多或过少。锥内沉砂过多，溢流跑粗，造成金属损失；沉砂过少，则沉砂中含泥增大，分级效率降低。

(3) 不要让大块物体掉入锥内，以免阻塞沉砂管。

(4) 不要用铁锤等敲打沉砂管，以免敲坏。

(5) 不能用胶皮管吸出锥内的矿砂，避免破坏正常的分级。

(6) 每隔一定时间清理一次给矿筒，取出阻留在筒内的木屑、杂草等。

表 3 - 1　分泥斗按溢流计算处理能力　　　　　　　　(m³/d)

分泥斗规格	分泥斗允许溢流最大颗粒直径/μm			
	74	37	19	10
φ3m	1630	490	120	53
φ2.5m	1100	320	78	34
φ2.0m	630	190	46	20
φ1.5m	340	100	25	11
φ1.0m	150	45	11	5

3.2.2　分级箱的构造及工作原理

分级箱属宽级别的分级设备，如图 3 - 5 所示，工作时，矿浆经流矿槽越过分级箱阻砂条之间的三角形凹沟而产生涡流，矿粒群在涡流作用下，进行初分级，重而粗的矿粒落入阻砂条间的缝隙中，受上升水的作用进行再分级，分出在初分级过程中混入的轻细矿粒，经再分级后的重矿粒则落入锥形分级室中，最后从底阀排出。

在每一个分级箱中，沿矿浆流动方向阻砂条之间的凹沟深度和宽度逐渐增大，矿浆流速逐渐减少，旋涡逐渐减弱。在一组分级箱中，由始端到末端，流矿槽坡度逐渐减小，分级箱的宽度由小到大，在实际操作中使用的上升水也相应减小，从而使矿粒分成若干级别，分别给入粗砂，细砂和刻槽矿泥摇床进行分选，矿泥和大部分水则从分级箱组末端的溢流槽排出。

分级箱的规格（宽×长）有五种：

200mm×1000mm、300mm×1000mm、400mm × 1000mm、600mm × 1000mm、800mm×1000mm。

通常4~8个联成一组，分级箱的安装规格应根据矿石粒度组成及实际要求确定，粒度粗用窄的分级箱，粒度细用宽的分级箱。

如沉砂摇床给矿粒度小于0.1mm，用四个分级箱连成一组，分级箱的宽度分别为：400mm、600mm、800mm，第一个分级箱沉砂供一台细砂摇床，其余的供三台刻槽矿泥摇床。

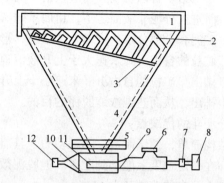

图3-5 分级箱的结构（云锡式分级箱）

1—流砂槽；2—阻砂条；3—角铁架；4—角锥形分级室；5—法兰；6—上升水开关；7—旋塞；8—手轮；9—阀杆；10—底阀；11—砂芯；12—排砂管

3.2.3 分级箱的操作

分级箱主要是使各台摇床有一个比较合适而又比较稳定的给矿粒级范围、给矿体积和浓度，为摇床选别创造良好的条件。在使用中要保持各级沉砂粒度由粗到细，体积由大到小，浓度由高到低，具有规律性，沉砂畅通，避免含大量负粒级的细泥，溢流不跑粗砂。

班间操作要做好下述几方面的工作：

（1）根据来矿情况，认真控制上升水和砂芯，特别是第一、二级，借以调节各级沉砂粒级范围，体积和浓度，一般情况下，上升水和砂芯要配合使用。按分级箱顺序排列，上升水和砂芯应逐级减小。控制分级箱砂芯和上升水，是很重要的一条原则，就是在正常情况时少动，需要调节时也不宜突然开得过大或过小，以免影响摇床给矿不正常。

（2）分级箱阻砂条要保持排列整齐，缝隙一致，勤清理、保持畅通，以免影响分级。

（3）在搞好分级的前提下，要兼顾各台摇床负荷的合理分配，一般情况下，按排列顺序逐渐减小，如遇来矿量突然猛增或粗粒级特别多时，应及时开大第一或第二级砂芯，使过多的矿量或粗砂通过第一、二台摇床返回流程循环，以保持多数摇床的稳定。

（4）严重磨损或控制失灵的砂芯，出砂口和上升水开关要尽量在计划检修时更换。

分级箱的优点及缺点：

优点：结构简单，易于制造，不耗动力，占用高度小，便于配置，方便操作。

缺点：阻砂条缝隙易被泥砂淤塞，耗水量较大，后几个分级箱沉砂浓度较低。

3.2.4 水力旋流器

水力旋流器是利用离心力进行分级细粒物料的一种分级脱泥设备。它与利用重力沉降的分级脱泥设备比较，具有设备构造简单，生产能力大，占地面积小，对细粒物料分级效率高等优点。

3.2.4.1 构造及分选原理

水力旋流器结构如图3-6所示，是由圆柱体、圆锥体、给矿管、溢流管、沉砂管、溢流室等组成。机体用生铁铸造而成，现在也有用聚氨酯材料的。为了避免磨损，常衬以橡胶等耐磨材料。

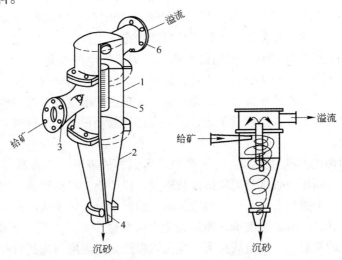

图3-6 水力旋流器结构图
1—圆筒；2—圆锥；3—给矿管；4—沉砂口；
5—溢流管；6—溢流口

工作时，矿浆以一定的压力（$(0.5 \sim 3.0) \times 10^3 \, MPa$）从给矿管以切线方向压入旋流器后，在旋流器内形成高速旋转运动，此时产生极大的离心力，在离心力的作用下，较粗的颗粒被抛向旋流器的筒壁以螺旋线的轨迹向下运动，由沉砂口排出，较细的颗粒及大部分水由溢流管排出。

3.2.4.2 旋流器正常工作的基本条件

旋流器的规格用其圆筒部分的直径表示，各种规格旋流器的分离粒度及主要技术条件见表3-2。

表3-2 旋流器规格及技术条件

旋流器直径/mm	分离粒度/mm	给矿压力/10^{-3}MPa	给矿浓度/%	处理量/$m^3 \cdot (台 \cdot d)^{-1}$
500	0.074	5～0.7	15～20	2000～2500
300	0.037	0.7～0.8	10～15	600～700
125	0.019	1.5～2.0	5～10	250～320
75	0.010	1.8～2.5	5～8	80～90

3.2.4.3 水力旋流器的操作管理

（1）稳定给矿压力及给矿浓度。旋流器给矿压力的波动直接造成分级效率的急剧下降，而给矿压力的波动，主要是由于生产过程中矿浆体积量的波动而产生的。静压给矿时，控制调节压力池的液面。砂泵给矿时，砂泵池液面的控制，根据矿浆量多少，配备适量的旋流器。

对于给矿浓度的稳定，主要是控制浓度在规定波动范围以内，如浓度过高，必须及时兑水。

（2）认真做好隔渣工作。隔渣工作不好，旋流器易阻塞，将无法正常工作，因此必须在给矿压力池前和砂泵池前装置除渣筛，以隔除草渣，木屑等杂物。

（3）掌握旋流器的磨损规律。应记录旋流器的运转时间，磨损部位和磨损程度，以便预期更换易磨部件，保证旋流器经常处于良好的状态下工作。

（4）了解班间原矿性质特点，根据给矿量、压力、浓度的变化及旋流器工作情况来调节操作，如给矿含泥多，给矿压力要大些，沉砂口要小些；给矿含泥少，则给矿压力可小些，沉砂口要大些；沉砂浓度很高，成绳状排出，是给矿浓度变大或粗砂增加，这时应减小给矿浓度和增大排矿口，给矿量不足，压力表指针摆动很大，沉砂时大时小，应减少旋流器的开动台数。

（5）旋流器故障的判断和处理。在生产中常遇到的故障有：溢流和沉砂的排出量逐渐减少或停止排出，而压力表保持原来的读数不变，说明给矿口被阻塞，应停止给矿，清理给矿口。旋流器整个强烈振动，溢流继续排出，但沉砂排出很少或停止排出，说明沉砂口阻塞，应清理沉砂口。沉砂浓度低，喷射力大，溢流量少或停止排出，则溢流管阻塞，应清理溢流管，沉砂喷射力小成直线排下，溢流跑粗砂，是旋流器内的衬胶脱壳，应更换旋流器。旋流器发出嘶嘶声，则是溢流管磨通或旋流器内有石子，这时应停止给矿，拆开检查或更换旋流器。

3.2.5 倾斜板浓密箱

3.2.5.1 倾斜板浓密箱的构造

倾斜板浓密箱从一面看是正方形，侧面看是棱形的箱子组成，结构如图 3 - 7 所示。在箱的上部有给矿槽 1 及溢流槽 2。在箱内装有倾斜的浓密板 3 及稳定板 4，浓密板一般用玻璃钢、塑料或木板制成，板与板之间互相平行，其距离为 15 ~ 30mm，板长约 400 ~ 500mm，板的宽度与箱内的宽度相同，并均以 40° ~ 55°倾角装在箱内，稳定板除长度较短外，其他与浓密板相同，稳定板的作用是防止给入的矿浆冲乱箱下部的沉砂，箱底下部装有沉砂管 5。

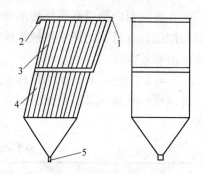

图 3 - 7   倾斜板浓密箱
1—给矿槽；2—溢流槽；3—浓密板；
4—稳定板；5—沉砂管

3.2.5.2 倾斜板浓密箱的工作原理

工作时，矿浆由给矿槽沿着整个宽度上均匀给入浓密板与稳定板之间，其中的矿粒随矿浆在浓密板间上升过程中逐渐沉落在浓密板上，然后向下滑动进入稳定板之间隙成为沉砂而集中于浓密箱底部漏斗由沉砂管排出，沉砂的含水量可利用闸阀或不同直径的沉砂管来调节。

由于箱内装有很多倾斜的浓密板，从而有效地缩短了矿粒沉降的时间和距离，大大地增加了有效沉降面积，所以单位面积处理量及浓缩率要比其他浓缩设备（如浓密机、分泥斗等）高得多，其有效沉降面积按下式计算：

$$A = KBLZ\cos\alpha$$

式中　A——有效沉降面积，m^2；

　　　K——有效面积利用系数，一般 $K=0.7$；

　　　B——浓密板宽度，m；

　　　L——浓密板长度，m；

　　　Z——浓密板块数，块；

　　　α——浓密板倾斜角。

倾斜板浓密箱按溢流计的生产能力为

$$Q_{溢流} = V_0 KBLZ\cos\alpha$$

式中　$Q_{溢流}$——溢流体积，m^3/s；

　　　V_0——溢流中最大粒子自由沉降速度，m/s。

3.2.5.3　影响倾斜板浓密箱工作的主要因素

影响倾斜板浓密箱工作的主要因素有给矿量、给矿浓度、给矿粒度、倾斜板（包括浓密板与稳定板）的材质、倾斜角度、间距数量、长度等。

一般来说，当倾斜板浓密箱的结构参数一定，给矿量过大或给矿浓度过高，将使溢流固体含量增加，粒度变粗，且给矿浓度过大，容易造成倾斜板间隙的淤塞。给矿中细泥增多，则矿泥黏结倾斜板程度增大。

当给矿性质一定，倾斜板浓密箱的分级面积或处理能力则随倾斜板的数量、长度、宽度的增大及倾斜角的减小而增大，但倾斜板块数过多（间距随之减小）及倾斜角过小，将容易造成倾斜板间隙的淤塞或不利于沉落在倾斜板上物料的下滑，倾斜板长度过大则增加机体的高度，倾斜板宽度过宽，则给矿矿浆分布不均匀，此外，倾斜板材质粗糙，则增加矿粒下滑的阻力。

为了减少物料在倾斜板下滑的阻力，倾斜板应尽量采用光滑的材料制成。

3.2.5.4　斜板浓密箱在生产中的应用

倾斜板浓密箱具有构造简单，容易制造，单位面积生产能力大、浓缩效率高，操作稳定简单，不用动力，维修方便的优点。

它的主要缺点是：当给入物料浓度过高时，倾斜板间隙和沉砂管易被阻塞。

目前锡选矿厂中常用它作为脱水浓缩或脱泥设备，用于脱水浓缩作业时，效果较显著，用于脱泥作业时，由于没有上升水流，故沉砂含泥较多。

3.3　跳汰选矿

3.3.1　概述

跳汰选矿是指物料主要在垂直升降的变速介质流中，按密度差异进行分选的过程。物料在粒度和形状上的差异，对选矿结果也有一定的影响。跳汰时所用的介质可以是水，也可以是空气。以水作为分选介质时，称为水力跳汰；以空气作为分选介质时，称为风力跳汰。目前，生产中以水力跳汰应用最多，故本章内容，仅涉及水力跳汰。实现跳汰过程的设备叫跳汰机。被选物料给到跳汰机跳汰室筛板上，形成一个密集的物料层，这个密集的物料层称为床层，筛下排精矿的跳汰床层包括物料（自然）床层和人工床层。

在给料的同时，从跳汰机下部的隔膜室透过筛板周期地给入一个上下交变水流，物料在水流的作用下进行分选。首先，在上升水流的作用下，床层逐渐松散、悬浮，这时床层中的矿粒按照其本身的特性（矿粒的密度、粒度和形状）彼此做相对运动进行分层。上升水流结束，水流下降期间，分层继续进行，床层逐渐紧密。待全部矿粒都沉降到筛面上以后，床层又恢复了紧密状态，这时大部分矿粒彼此间已失去了相对运动的可能性，分层作用几乎停止。只有那些极细的矿粒，尚可以穿过床层的缝隙继续向下运动（细粒的这种运动称作钻隙运动），并继续分层。下降水流结束后，分层暂告终止，至此完成了物料在一个跳汰周期中的分层过程。物料在每一个周期中，都只能起到一定的分选作用，经过多次重复后，分层逐渐完善。密度小的矿粒集中在最上层，在横向水流作用下，由尾矿端排出，密度高的矿粒集中在最底层，由精矿端排出。排出精矿的方式有筛上排矿（粗粒物料）和筛下排矿（小于5mm细粒物料）两种方式。

3.3.2 跳汰机分类及隔膜跳汰机简介

跳汰机是处理中细物料的主要重选设备之一，具有处理粒度范围宽（多为30～0.074mm），单位面积处理能力大，可用于粗选、精选和扫选，设备结构简单、用水较多等特点，在我国砂金矿、钨锡矿等选矿中得到广泛应用。

3.3.2.1 跳汰机分类

国内外采用各种类型的跳汰机，根据设备结构和水流运动方式不同，大致可以分为以下几种：（1）活塞跳汰机；（2）隔膜跳汰机；（3）空气脉动跳汰机；（4）动筛跳汰机。

活塞跳汰机是以活塞往复运动，产生一个垂直上升的脉动水流。它是跳汰机的最早形式，现在基本上已被隔膜跳汰机和空气脉动跳汰机所取代。

隔膜跳汰机是用隔膜取代活塞的作用。其传动装置多为偏心连杆机构，也有采用凸轮杠杆或液压传动装置的。机器外形以矩形、梯形为多，近年来又出现了圆形。按隔膜的安装位置不同，又可分为上动型（又称旁动型）、下动型和侧动型隔膜跳汰机。隔膜跳汰机主要用于金属矿选矿厂。

空气脉动跳汰机（亦称无活塞跳汰机）中的水流垂直交变运动，是借助压缩空气进行的。按跳汰机空气室的位置不同，分为筛侧空气室（侧鼓式）和筛下空气室跳汰机。该类型跳汰机主要用于选煤。

动筛跳汰机有机械动筛和人工动筛两种，手动已很少用。机械动筛是一种槽体中水流不脉动，直接靠动筛机构用液压或机械驱动筛板在水介质中作上、下往复运动，使筛板上的物料产生周期性地松散和分层。目前该类型跳汰机主要用于大型选煤厂，尤其是高寒缺水地区选煤厂的块煤排矸。

3.3.2.2 隔膜跳汰机

选矿用跳汰机种类繁多，在重选厂应用最广的是隔膜跳汰机，根据隔膜所在位置的不同划分为：上（旁）动型隔膜跳汰机；下动型圆锥隔膜跳汰机；侧动型隔膜跳汰机；复振跳汰机和圆形跳汰机等。按跳汰室槽形划分有矩形跳汰机、圆形跳汰机等，并有单室多室之分；按隔膜运动曲线（或上升水流脉动曲线）形状分，有对称型（正弦波）、差动型（锯齿波）和复振型；按传动机构划分为，偏心连杆驱动式（对称型曲线）、凸轮机械驱动式（正弦波），大型锯齿波跳汰机采用机械—液压驱动。

正弦波隔膜跳汰机应用较多，锯齿波下动型隔膜跳汰机也得到广泛推广应用，分别介绍如下。

（1）上（旁）动型隔膜跳汰机。上（旁）动型隔膜跳汰机在我国广泛用于分选钨矿、锡矿和金矿等。分选粒度上限可达 12~18mm，下限为 0.2mm。可作为粗、中、细粒矿石的分选，也可作为粗选或精选设备。

上（旁）动型隔膜跳汰机的基本结构如图 3-8 所示。由机架、跳汰室、隔膜室、网室、橡胶隔膜、分水阀和传动偏心机构等组成。该机有两个跳汰室，在第一跳汰室给料经分选后进入第二跳汰室。每室的水流分别由偏心连杆机构传动，使摇臂摇动，于是两个连杆带动两室隔膜做交替的上升和下降往复运动，因此迫使跳汰室内的水也产生上下交变运动。跳汰机的冲程和冲次均可根据要求调节。

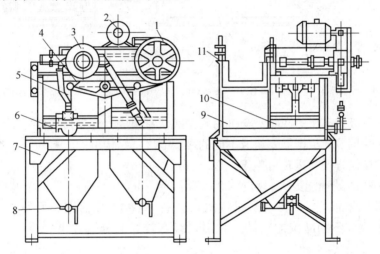

图 3-8 上（旁）动型隔膜跳汰机

1—传动部分；2—电动机；3—分水阀；4—摇臂；5—连杆；6—橡胶隔膜；
7—机架；8—排矿阀门；9—跳汰室；10—隔膜室；11—网室

上（旁）动型隔膜跳汰机只有一种定型产品，每室宽 300mm、长 450mm，双室串联。

该机具有冲程调节范围大、适应较宽的给矿粒度、水的鼓动均匀、床层稳定、分选指标好、精矿排放容易、可一次获得粗精矿或合格精矿、单位面积生产率大、操作维修方便等优点。其缺点是：单机规模小，生产能力低，由于隔膜室占用机体的一半，因此，占地面积大等。

（2）下动型圆锥隔膜跳汰机。下动型圆锥隔膜跳汰机也是常用隔膜跳汰机的一种，有两个跳汰室，传动装置安设在跳汰室的下方。隔膜是一个可动的倒圆锥体，用环形橡胶隔膜与跳汰室相连。电动机和皮带轮安置在设备的一端，通过杠杆推动隔膜做上下往复运动，使跳汰室产生上升下降水流。设备结构如图 3-9 所示。

（3）梯形跳汰机。梯形跳汰机可以是单列单槽或多列多槽，如两列，每列 4 个室共 8 个跳汰室组成一个整体的跳汰机。每 2 个相对的跳汰室为一组，由传动箱伸出的轴带动两侧垂直隔膜运动。全机由 2 台电动机驱动，每台驱动 2 个传动箱。在传动箱内装有偏心连杆机构。梯形跳汰机的筛面自给料端向排料端扩展，成梯形布置。

梯形跳汰机结构特点：跳汰室的面积为梯形，沿进料方向由窄到宽，矿浆流速逐渐减

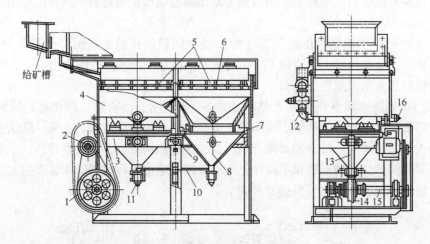

图 3-9 下动型圆锥隔膜跳汰机

1—大皮带轮；2—电动机；3—活动机架；4—机体；5—筛格；6—筛板；7—隔膜；8—可动锥底；9—支撑轴；
10，13—弹簧板；11—排矿阀门；12—进水阀门；14—偏心头部分；15—偏心轴；16—木塞

缓，有利于细粒级重矿物的回收；全机由 8 个跳汰室组成，分 2 列，各列 4 室，每室的冲程、冲次能单独调节，根据需要组成不同的跳汰制度；结构可拆，有利于运输和搬迁；该机结构简单、维修方便、运转可靠。

梯形跳汰机的处理能力大，可达 15~30t/(台·h)；一般用于分选钨、锡、金、铁矿石等，分选效果很好。1 台梯形跳汰机可代替 10~14 台摇床。另外，其适应性强，适于中、细粒级和不同品位的给矿。对细粒级有较好的分选效果。给矿粒度范围一般为 0.2~10mm。

（4）圆形跳汰机和复振跳汰机。圆形跳汰机是将几个梯形跳汰机合并而成的。复振跳汰机是设两组偏心连杆机构，通过摇杆合并为一种复合运动，摇杆借助摇框，带动圆锥形隔膜做上、下运动，形成复振跳汰周期曲线。

3.3.3 影响跳汰机选矿指标的主要因素

影响跳汰选矿机选矿指标高低的主要因素，包括设备结构、物料性质、工艺参数及操作管理等各个方面。

（1）设备结构：隔膜跳汰机设备结构因素如：传动机构形式，跳汰室槽形及规格大小，跳汰室数目及前后筛板的落差，筛面面积，筛孔形状、大小及冲程系数（冲程系数指隔膜面积与筛面面积之比），冲程，冲次调整范围及调节方式等。

（2）物料性质：入选物料的粒度组成，决定床层厚度及颗粒间和空隙大小，关系水流的运动；目的矿物与其他矿物（含脉石）的密度差；目的矿物粒度大小及单体解离度，过粉碎量的多少等。它们直接影响工艺条件的选择及精矿的品位、回收率。入选物料性质要求稳定，班间变化不大。

（3）工艺参数（或操作条件）：当设备结构和物料性质基本确定后，合理的工艺参数及其相互配合，对充分发挥设备功能，提高选矿技术指标有着重要的作用。合理的工艺参数一般要求通过试验测量确定。

1) 冲程、冲次（或振幅与频率）：跳汰机冲程、冲次直接影响水流对床层的松散和分层效果。冲程和冲次必须合理配合，既保证床层必要的松散，又保证必要的分层时间。

一般情况下，物料粒度大、密度大、床层厚、筛下补水量少、给入矿量多时，宜采用较大冲程和较小冲次，当粒度细、床层薄时，宜采用小冲程、大冲次。

2) 矿浆流量和浓度：给入跳汰机的矿浆流量及浓度，是构成处理量的主要因素，决定入选物料在跳汰过程中，在槽内的水平流动速度和分选时间，是影响精矿品位和回收率的重要因素之一，浓度一般为 20% ~40% 。

3) 筛下补加水：筛下补水可以增加床层的松散度，并减少吸入作用，有利于提高分选效果，要求补加水分配均匀，有一定压力。补加水也会使分选室槽内矿浆流速有所增加，补加水要根据物料性质和矿量大小，配合冲程、冲次及床层具体情况合理调节，提高分选效果。

4) 床层厚度：床层厚度关系到分层时间及矿粒通过床层下沉和难易程度，影响精矿质量及回收率，总床层包括自然床层和人工床层，人工床层在筛下排矿时使用，由具有一定粒度（2~10mm）的大密度矿石或铁砂等组成，直接铺于跳汰机筛板上，厚度视需要而定。人工床层的存在使整个床层的密度增加、粒度组成改变，更利于提高细粒物料分层，提高精矿品位。

5) 给矿粒度：要求做好物料的预先分级，以便按粒级分选。

（4）操作管理：人的操作管理水平关系设备、物料、工艺参数能否优化组合，发挥最好的选矿效果。

3.3.4 跳汰机操作、维护、管理基本要求

3.3.4.1 保持跳汰作业最佳状态

保持跳汰作业的最佳状态有：

（1）机电设备运转及供水正常；

（2）跳汰室给矿均衡，矿浆流动均衡，不偏流，无急流；

（3）床层松散适度，分层明显，无沸腾，无死床现象；

（4）精矿排出正常，品位符合要求，尾矿不跑粗，可回收较粗粒级的单体重矿物。

3.3.4.2 操作管理要求

操作人员要做到勤检查、勤调节、勤联系，及时发现、正确分析，妥善处理存在的问题，保持最佳运行状态。

（1）加强与上工序联系，合理调节、控制矿浆流量及浓度，稳定矿浆水平流动速度，使处理量相对稳定；

（2）加强对床层松散分层的检查，当发现异常现象（沸腾、死床、精矿质量低、尾矿游离重矿物多等）时，合理调整工艺参数。调整时先从主要影响参数着手，如出现死床或床层过厚，可能的因素就有冲程小、筛下补加水小、水压低、筛孔被堵塞、床层过厚等；如床层出现沸腾或床层过松状态，可能因素就有冲程过大、床层薄、补加水大、压力高、给矿小等；

（3）经常检查精矿质量、产量及尾矿重矿物损失情况，当出现精矿质量下降，含有

较多粗粒轻矿物或细粒轻矿物时，和筛网损坏程度、床层粒度组成及厚度、冲程、冲次的大小，补加水量多少等都有关系，要先解决主要存在的问题，逐步调整使其正常。

3.3.4.3   维护管理

跳汰机日常检查维护的重点有：

（1）运动部件的清洁与润滑；

（2）橡胶隔膜的保护，做到不沾油、不被机械损伤；

（3）筛网，要定期清理检查，要求网面完整不损坏、不堵塞。

3.4   重介质选矿

3.4.1   概述

重力分选过程是在一定的介质中进行的，若使用的分选介质密度大于水的密度（1000kg/m³），则称为重介质。物料在这种介质中进行选择性选别即重介质分选。

重介质有重液和重悬浮液两类，通常所选用的重介质密度介于矿石中轻矿物与重矿物密度之间，即

$$\delta_1 < \rho < \delta_2$$

因而在这样的介质中，轻矿物上浮，重矿物下沉，实现选别的目的。

由于重液的价格昂贵且常有毒，生产中几乎没有应用。工业上应用的重介质都是重悬浮液。重悬浮液是由细粉碎的高密度固体颗粒与水构成的悬浮体。高密度固体颗粒起着增加介质密度的作用，称为加重质。悬浮液是一种两相体系，其密度与均质液体有所不同。悬浮液的密度等于加重质（固体颗粒）和分散相（液体）密度的加权平均值，即

$$\rho_{su} = \lambda\delta + (1 - \lambda)\rho$$

式中 ρ_{su}——悬浮液密度，kg/m³；

　　　　λ——悬浮液固体容积密度（以小数表示）；

　　　　δ，ρ——固体和液体的密度，kg/m³。

若分散相为水（密度为1000kg/m³），则悬浮液密度为

$$\rho_{su} = \lambda(\delta - 1000) + 1000$$

工业上所用的加重质根据要求配制的悬浮液密度不同而不同，常用的有以下几种。

（1）硅铁：含 Si 量为 13% ~ 18%，密度为 6800kg/m³，可配制成密度为 3200 ~ 3500kg/m³ 的重悬浮液。硅铁具有耐氧化、硬度大、带强磁性等特点，使用后经筛分和磁选可以回收再用。根据制造方法的不同，硅铁又分为磨碎硅铁、喷雾硅铁和电炉刚玉废料（属含杂硅铁）等。其中喷雾硅铁外表呈球形，在同样浓度下配制的悬浮液黏度小，便于使用。

（2）磁铁矿：纯磁铁矿密度为 5000kg/m³ 左右，用含 Fe 60% 以上的铁精矿配制的悬浮密度最大可达 2500kg/m³。磁铁矿在水中不易氧化，可用弱磁选法回收。

此外，还可用选矿厂的副产品如砷黄铁矿、黄铁矿等作加重质。

重介质分选方法首先应用在选煤上，目前，重介质选煤已经成为重要的选煤方法之一，尤其是处理难选煤。世界主要产煤国的选煤工业中，重介质选煤已占有相当大的比例（25% ~70% 左右）。重介质选矿也已应用于金属矿石、非金属矿石和其他物料（如城市

垃圾等）上。重介质分选设备主要有：圆锥形重介质分选机、圆筒形（鼓型）重介质分选机、重介质振动溜槽、重介质旋流器、斜轮重介质分选机等。

3.4.2 圆锥形重介质分选机

圆锥形重介质选矿机的设备结构如图 3 - 10 所示，机体为一倒置的圆锥形槽 2，在它的中心装有空心的回转轴 1，由电动机 5 带动旋转。空心轴同时又作为排出重产物的空气提升管。中空轴外面有一个穿孔的套管 3，上面固定有两扇三角形刮板 4，以每分钟 4 ~ 5 转的速度转动，借以保持上下层悬浮液密度均匀，并防止矿石沉积。入选原料由上方表面给入。轻矿物浮在悬浮液表层经四周溢流堰排出，重矿物沉向底部。与此同时压缩空气由中空轴 1 的底部给入，在中空轴内重矿物、重悬浮液和空气组成气—固—液三相混合物。当其综合密度低于外部重悬浮液的密度时，在静压强作用下即沿管向上流动，从而将重矿物提升到高处排出，重悬浮液是经过套管 3 给入，穿过孔眼流入分选圆锥内。

这种分选机槽体较深，分选面积大，工作稳定；适于处理轻产物排出量大的原料；分选精确度较高。主要缺点是要求使用细粒加重质；介质的循环量大，增加了介质制备和回收的工作量；而且需要配备专门的压气装置。

设备规格按圆锥直径记为 2 ~ 6m，锥角 50°，给矿粒度范围一般为 50 ~ 5mm。

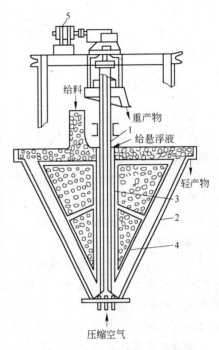

图 3 - 10　φ2400 内部提升式圆锥形
重介质选矿机
1—回转轴；2—圆锥形槽；3—套管；
4—三角形刮板；5—电动机

3.4.3 重介质振动溜槽

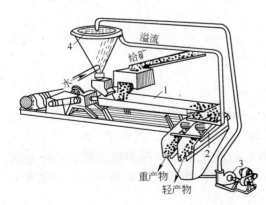

图 3 - 11　重介质振动溜槽工作示意图
1—振动溜槽；2—脱重介质筛；3—悬浮液循环泵；
4—储放悬浮液圆锥

重介质振动溜槽的工作过程如图 3 - 11 所示。给矿粒度一般为 75 ~ 6mm。矿石由槽的首端上方给入，重悬浮液由介质锥斗给入，于是在槽内形成厚约 250 ~ 350mm 的床层。在槽体振动和槽底压力水的作用下，床层具有较大的流动性。矿物按其本身密度不同在床层内分层，密度大的重矿物分布在床层下部，由分离隔板的下方排出，轻矿物分布在床层上部。由分离隔板的上方流出。两种产物分别落在振动筛上脱出介质，然后通过皮带运输机运走。筛下介质则由砂泵运回到介质斗中循环使用。

这种设备的工作特点是床层能够较好的松散，可以使用较粗粒的加重质，粒度达到 −1.5 ~ +0.15mm。加重质在床层内也发生分层，底层容积浓度达到 55% ~60%，而黏度仍较小。这样就可以采用较低密度的加重质，借高的容积浓度可获得高的分离密度。例如在一般分选机内用磁铁矿作加重质只能配制成密度为 2500kg/m³ 的悬浮液，而在这里可达到 3300kg/m³。加重质的粒度增大后，便于回收净化。而且混入的矿泥量多一些对分选效果影响也不大。重介质振动溜槽处理粗粒矿石，处理能力很大。我国用它来选别铁矿石和锰矿石，从地下开采的原矿中除去混入的围岩。

3.4.4 重介质旋流器

重介质旋流器的结构与普通水力旋流器相同。在旋流器内加重质颗粒在离心力及重力作用下向器壁及底部沉降，因而发生浓缩现象。悬浮液的密度自内而外自上而下地增长，形成密度不同的层次。

矿石连同悬浮液以一定的压力给入旋流器内。在回转运动中矿物颗粒依自身密度不同分布在重悬浮液相应的密度层内。同水力旋流器中的流速分布一样，在重介质旋流器内也存在一个轴向零速包络面。包络面内的悬浮液密度小，在向上流动中随之将轻矿物带出，故由溢流中可获得轻产物。重矿物分布在包络面外部，在向下回转运动中由沉砂口排出。但是在整个包络面上，悬浮液的密度分布并不一致，而是由上往下增大，位于上部包络面外的矿粒在向下运动中受悬浮液密度逐渐增长的影响，又不断地得到分选。其中密度较低的颗粒又被推入包络面内层，从上部排出。故分离密度基本上决定于轴向包络面下端的悬浮液密度，其大小可借改变旋流器的结构参数和操作条件予以调整。

重介质旋流器在生产中多采用倾斜或竖直的安装方式，亦可作横卧或倒立的安装。与其他重介质选矿设备相比，重介质旋流器借离心力作用加快了分层过程，因此单位面积处理能力大，给矿粒度下限降低，最低达到 0.5mm。悬浮液在旋流器内急速回转，很少有可能形成结构化。所以加重质可达到很高的容积密度。采用密度较低的加重质，如磁铁矿、黄铁矿等，仍可获得足够高的分离密度。

重介质旋流器已用来处理钨、锡、铁矿石。例如湘东钨矿用 φ430mm 重介质旋流器处理含钨石英矿石；围岩为花岗岩，以黄铁矿石为加重质，配制悬浮液密度 2300 ~2450kg/m³，给矿粒度 13 ~3mm，可丢弃 50% 尾矿。

3.5 螺旋溜槽

3.5.1 概述

螺旋溜槽是一个绕垂直轴线弯曲成螺旋状的，具有一定宽度的长槽。槽的横截面是近似椭圆形的，俗称螺旋选矿机，多用于处理 −2mm 矿石，回收粒级范围 −2 ~ +0.074mm；槽的横截面为立方抛物线形，槽底较为平缓的，叫螺旋溜槽，适于处理 −0.5mm 矿石，回收粒级范围 −0.5 ~ +0.02mm。二者均属螺旋选矿设备，选别原理相同，设备结构相似。二者溜槽横截面图如图 3 −12 所示。

螺旋溜槽结构简单，单位占地面积处理能力较大，能耗低，在重选中一般多用于预选抛尾及粗选、扫选作业。在固定（静止）螺旋溜槽基础上，为进一步强化分选过程，提

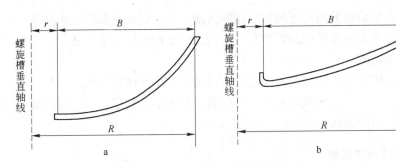

图3-12 不同形状螺旋槽横截面图

a—椭圆形螺旋选矿机横截面图；b—立方抛物线形螺旋溜槽横截面图

高分选效率、富集比和回收率，增加了振动、振摆、旋转等方面的机械运动，有的还增加槽面沟槽或楔条，并改进清洗水的应用。螺旋溜槽的形状除等直径外，还有塔形、截锥形等类型多样的系列产品，为螺旋溜槽在重选中的广泛应用提供了更多的选择机会。

各种螺旋溜槽结构除机械运动部件各有差异外，主题部分基本相同，主要由支架、螺旋槽、清洗水装置、精矿槽及给矿槽、尾矿槽等组成。螺旋槽的材料有橡胶（轮胎）、生铁、陶瓷、铝合金、玻璃钢等，现玻璃钢使用较多。

3.5.2 螺旋溜槽工作原理

矿浆从螺旋选矿机首端切线方向给入，在固定的螺旋槽内自流向下运动。密度小的矿粒位于上层，密度大的矿粒位于下层。位于上层的矿粒受高速水流的强烈作用，且所受的摩擦阻力小，故运动速度大，所受的离心力大，被推向外侧。下层矿粒受水流的影响小，但其所受的摩擦阻力大，所以运动速度小，因而所受的离心力小，而且在运动过程中，由于螺旋横断面底部倾斜，这些矿粒就沿着螺旋槽内向下缓缓移动。螺旋选矿机内，水流的横向环流强化了分选过程是选别的重要条件。水流的横向环流是怎样产生的呢，在螺旋选矿机内的水流一方面向下做螺旋运动，另外，上层水流向外流动，底层的水流向内流动，上层水流较底层水流具有较高的速度。因此，上层水流产生较大的惯性离心力，流速快，被甩向槽的外缘。底层水流的回转速度慢，离心力小，受重力作用从外缘流向内缘。结果就在横断面上形成径向循环流，即横向环流。由于水流纵向及横向断面内作用于矿粒上以及矿粒各种力相互作用的结果，矿粒以不同的速度沿螺旋槽运动。因此，密度、粒度、形状不同的矿粒就在不同的位置上分离：大密度的矿粒位于内侧，可以从螺旋选矿机上部截取精矿。中矿可以从下部截取。密度小的矿粒位于外侧成为尾矿，由尾端排出。

（1）在槽面的径向半径，水层的厚度和平均流速很不一样。越向外缘，水层厚度越大，流动亦越快。给入的水量增大，湿周亦向外扩展，而对靠近内缘的流动特性影响不大。随着流速的变化，液流在螺旋槽内表现有两种流态：靠近内缘的液流接近于层流，而靠近外缘呈现为溯流。

据测定，靠近螺旋槽的内缘液流厚度最小，为2~3mm。中间靠外处厚度最大，为4~16mm。在水层最厚处流动速度最大，达到1.5~2m/s。流速分布同样是离槽底越高，流速越大。

（2）液流在螺旋槽内存在着两种不同方向的循环运动。其一是沿螺旋槽纵向的回转运动；其二是在螺旋槽的内外缘的横向循环运动，这一运动又称作二次环流，两种流动的综合结果，使上下层液流的流动轨迹有所不同。改变槽的横断面形状，对下层液流的运动特性没有明显的影响。

布祺在研究螺旋槽内液流动的运动时，提出了二次环流的见解。根据他的计算，在螺旋槽某指定半径处，液流的纵向流速沿高度的分布为一抛物线，而在槽的横向二次环流的速度分布为一复杂的曲线。

3.5.3 螺旋溜槽技术性能

3.5.3.1 螺旋选矿机

螺旋选矿机的主体是一个 3~5 圈的螺旋槽，用支架垂直安装，如图 3-13 所示。槽的断面呈抛物线或椭圆形的一部分。矿浆自上部给入后，在沿槽流动过程中，矿物颗粒按密度发生分层，底层重矿物运动速度低，在槽的横向坡度影响下，趋向槽的内缘移动；轻矿物则随矿浆主流运动，速度较快，在离心力影响下，趋向槽的外缘，于是轻、重矿物在螺旋槽的横向展开分带，靠内缘运动的重矿物通过排料管排出，由上部第 1~2 个排料管得到的精矿质量最高，以下依次降低。轻矿物由槽的末端排出。在槽的内缘连续给入冲洗水，用以提高精矿的质量。

排料管安装在截料器的下面，从第二圈开始配置，一般有 4~6 个。用螺母固定在螺旋的内缘，上面有两个迎着矿流张开的刮板。刮板的张开角可调，用以调整接出的精矿质量和数量。

我国从 1955 年开始制造并应用螺旋选矿机，最初是用旧轮胎制成，以后又以陶瓷制作整体的螺旋，20 世纪 70 年代以后陆续发展应用铸铁和玻璃钢制造椭圆形断面螺旋选矿机，国产的螺旋选矿机的技术规格和性能列于表 3-3。

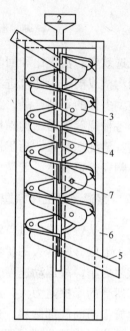

图 3-13 螺旋选矿机
1—给矿槽；2—冲洗水管；3—螺旋槽；4—法兰盘；5—轻矿物槽；6—机架；7—重矿物排出管

表 3-3 螺旋选矿机的规格和性能

型 号	FLX-1	FLX-2	FLX-4	XZLD	XZLD
直径/mm	600	600	600	600	600
螺距/mm	339	360	360	360	360
螺旋槽断面形状	两椭圆弧线与一条直线组成的复合椭圆	两椭圆弧线与一条直线组成的复合椭圆	两椭圆弧线与一条直线组成的复合椭圆	椭圆弧线与一条水平倾角为1的长36mm直线构成	椭圆弧线与一条水平倾角为1的长36mm直线构成
螺旋槽材质	铸铁	铸铁	玻璃钢	铸铁	玻璃钢
圈数	5	5	5	4	5
精矿排出孔数	15	15	15	15	
外形尺寸/mm×mm	880×2430	880×2460	880×2345		
处理能力/t·h⁻¹	1~1.5	1~1.5	1~1.5		
总重量/kg	400	400	400		

　　西方国家制造的螺旋选矿机基本上只有一种直径 610mm 规格，距径比介于 0.42 ~ 0.65，最大 0.73，制造材质已由铸铁转为用玻璃钢。苏联则制造了多种规格螺旋选矿机，直径有 600mm、650mm、700mm、1000mm、1200mm、1500mm 等，除应用铸铁、玻璃钢外，还采用铝合金制造。国外制造的螺旋选矿机几乎均在槽面上涂以聚氨酯耐磨层，有的并在聚氨酯中渗入石英粉或锆英石粉，以增加摩擦系数。

3.5.3.2　旋转螺旋溜槽

　　玻璃钢制成的旋转螺旋溜槽是我国自行研制的一种新型高效重选设备，它和一般的固定螺旋溜槽相比，在结构上的主要改进是：

　　（1）槽体旋转，转速一般为 8 ~ 16r/min，可增加离心力；

　　（2）溜槽槽面沿径向 60°布设刻槽或楔条（给矿粒度较粗的用楔条），从外缘到内缘沟槽或楔条逐渐减少至尖灭。这有利于改善流体运动，增大槽底重矿物中心聚汇力，外缘漩涡压呈近似干涉沉降或分层，贴近槽面的重矿物，特别是细粒重矿物受机械阻力及二次环流作用，沿槽沟或楔条向内移动，从而提高重矿物特别是细粒重矿物的回收率；

　　（3）在溜槽上端沿轴向设置了恒压的冲洗水内螺旋水槽，冲洗水沿槽自旋，即在设备旋转中自上而下，惯性离心力逐渐增大，有效地冲洗内缘精矿带，增大选矿富集比。如图 3 - 14 所示。

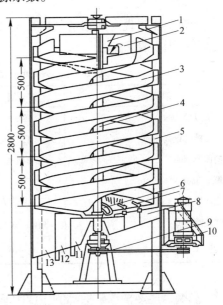

图 3 - 14　旋转螺旋溜槽结构图
1—给水斗；2—给矿斗；3—螺旋溜槽；
4—竖轴；5—机架；6—冲洗水槽；7—截料器；
8—接料槽；9—皮带轮；10—调速电机；
11—精矿槽；12—中矿槽；13—尾矿槽

　　上述改进加宽了入选粒级，强化了分选过程，使固定溜槽内外缘压之间容易形成的堆积层基本消除，发挥并强化了二次环流的作用，提高了分选效果（富集比、回收率提高），扩大了回收粒级下限（可达 0.019mm）。在预选抛尾、粗选、扫选作业中效果突出，已广泛用于钽、铌、钨、锡、黄金、钛铁矿、海滨砂矿等的选别。现将某钽铌矿磨至 -1mm 做对比试验结果列于表 3 - 4。

表 3 - 4　设备对比试验结果

设备类型及性能	原矿品位 $w_{(Ta+Nb)_2O_3}$/%	粗选精矿/%			富集比（倍）	处理量/t·(h·台)$^{-1}$
		产率	品位	回收率		
ϕ940mm 旋转螺旋溜槽（静止）	0.0172	23.62	0.0506	69.64	2.94	2.40
ϕ940mm 旋转螺旋溜槽（旋转）	0.0172	2.59	0.4096	61.68	23.81	2.40
ϕ940mm 旋转螺旋溜槽（楔条型）	0.0172	0.95	1.3040	72.02	75.81	2.40
ϕ940mm 旋转螺旋溜槽（刻槽型）	0.0172	0.86	1.3500	67.50	78.49	2.40
CC1 摇床	0.0172	2.60	0.398	60.16	23.14	0.094
ϕ940mm 螺旋溜槽（轮胎）	0.0160	23.74	0.0425	66.77	2.66	2.40

从上表可以看出，在处理量相同时：

（1）螺旋溜槽旋转时与静止时相比有较小的精矿产率，更高的富集比，选矿效率（回收率、产率）大幅提高；

（2）同是旋转螺旋溜槽，床面加刻槽或楔条后，富集比大幅提高，回收率也相应提高。

旋转螺旋溜槽现有规格有 $\phi400$、$\phi600$、$\phi940$、$\phi1200$ 等。$\phi940mm$ 旋转螺旋溜槽主要技术参数列于表 3-5。

表 3-5 $\phi940mm$ 旋转螺旋溜槽主要技术参数表

项 目	数 值	项 目	数 值
螺旋直径/mm	940	入选粒度/mm	<1.5
单层槽外壁高/mm	120	处理能力/t·(h·台)$^{-1}$	2.4~3.0
槽面宽/mm	344	给矿浓度/%	30~45
螺距/mm	500	冲洗水量/L·(台·h)$^{-1}$	400~800
横向倾角/(°)	9	电动机功率/kW	0.8
螺旋圈数	3圈，双头	设备重量/t	1
转速/r·min^{-1}	10~16	外形尺寸(长×宽×高)/mm×mm×mm	580×1410×2800

3.5.4 影响螺旋溜槽选矿指标的主要因素

（1）设备结构：螺旋直径、螺距、距径比（螺距与直径的比值，决定选矿断面坡度）、螺旋圈数、螺旋头数、螺旋横截面形状；槽面刻槽或楔条的深浅或高低、稀密、形状；给入清洗水方式；静止或机械运动（有转动、振动、振摆等方式）。

一般是处理细粒级时用小直径、小距径比；易选矿石，螺旋圈数可少些；螺旋头数决定单位面积处理量，有机械运动的，在床面刻槽或加条的指标较好。

（2）物料性质：给入物料的粒度和形状；目的矿物和其他矿物的密度差值大小；目的矿物单体解离度，这些都和分选质量效果有关。

（3）工艺参数：一般需通过试验确定。

1）给矿粒度：要与设备技术性能相适应，最好预先分级，清除粗砂，减少矿泥；

2）给矿体积和浓度：它决定矿浆给入溜槽后的流动速度和矿层厚度，既直接关乎处理量的大小，又关系到物料在流动过程中的分层、分带，要求均衡稳定，浓度要求较高，细轻物料一般 30% 左右，粒度粗的 40% 左右；

3）冲洗水用量：冲洗水的作用是用适宜的水流膜将内缘重砂带中夹杂的轻矿物推向外缘，提高精矿质量，并有利于精矿流向截取器。当给矿浓度大、含泥多、精矿品位要求较高时，用水应适当增加。

4）加入机械运动的螺旋溜槽。还要配合有关工艺参数，选用适宜的转速、振幅、振次及摆幅。

（4）人的操作：螺旋溜槽设备简单，工艺流程也不复杂，但只有认真做好班间的操作管理工作，才能充分发挥设备效能，取得好的选矿指标。

3.5.5 螺旋溜槽的操作维护基本要求

（1）操作人员在设备运行中，要做到勤检查、勤调节、勤联系、勤维护；

（2）保持螺旋槽面及清水装置、截取产品装置完好，机械设备运行正常；

（3）矿浆给入螺旋溜槽前，要用适度的筛网，隔除粗渣、杂物，防止粗渣、杂物在矿浆流量小时，滞留于内外缘之间，阻断二次环流，同时要定期清扫槽面；

（4）加强与上工序的联系，调好矿浆流量、浓度，避免较大波动；对于设有多台设备的作业，当矿浆有较大波动而难以调节时，应减少或增加设备开动台数，使每台开动的设备具有较均匀的矿浆流量和浓度；

（5）班间要经常检查精矿质量及尾矿中金属损失情况，发现问题，合理调整工艺参数，保持较高的富集比和回收率；机械传动装置要做好清洗、润滑工作。

3.6 摇床选矿

3.6.1 概述

摇床属于流膜选矿类设备，由平面溜槽发展而来，以后以其不对称往复运动为特征而自成体系。所有摇床均由床面、机架和传动机构三大部分组成，典型结构示于图 3－15 中，床面近似呈梯形或菱形，在横向有 1°~5° 倾斜，在倾斜上方配置给矿槽和给水槽，床面上沿纵向布置床条，其高度自传动端向对侧逐渐降低。整个床面由机架支承，机架上装有调坡装置，在床面一端安装传动装置，由它带动床面作往复不对称运动，这种运动可使床面前进接近末端时具有急回运动特性，即所谓差动运动。

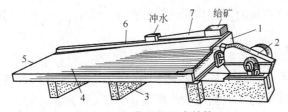

图 3－15　典型的摇床结构

1—给矿端；2—传动装置；3—机座；4—床面；5—精矿端；6—冲洗水槽；7—给矿槽

摇床是分选细粒矿石的常用设备，处理金属矿石时有效选别粒度范围是 3 ~ 0.019mm，选煤时上限粒度可达 10mm。摇床的突出优点是分选精确性高，经一次选别可以得到高品位精矿或废弃尾矿，且可同时接出多个产品。平面摇床容易看管，调节方便。主要缺点是设备占地面积大，单位厂房面积处理能力低。

摇床的应用已有近 100 年历史，最初的摇床是利用撞击造成床面不对称往复运动，1890 年制成用于选煤。选矿用摇床是 1896 ~ 1898 年由 A. 威尔弗利（Williey）制成的，采用偏心连杆机构。1918 年普兰特奥（Plat－O）又以凸轮杠杆制成另一种传动机构。这两种摇床头结构经过改进至今仍在使用。第二次世界大战后德国制成了偏心轮传动的快速摇床。我国于 1964 年研制成功惯性弹簧式摇床，已在生产中推广应用。

为了解决摇床占地面积大的问题，床面向着多层化和离心化方向发展。20 世纪 50 年代我国研制成了双层摇床、四层摇床和六层矿泥摇床，但因床面惯性力难以平衡而未获推广，苏联曾研制出双联三层摇床。英国在 20 世纪 60 年代用玻璃钢做床面制成双层及三层摇床，每个床面均有单独的传动机构。联邦德国为了解决选煤厂大处理量的要求，建造多层配置的塔架。这些多层结构摇床仍沿袭了原有坐落式安装方式，还不能大量设置在楼板上。

1957 年美国首先研制出多偏心惯性齿轮床头，接着制成多层悬挂式摇床，是摇床结构的一项重大革新。1975 年我国也制成了这种摇床，并已应用于生产。

离心摇床是将床面做成弧形，多个床面围成一个圆筒，沿轴向开缝，在振动的同时又在回转运动中借离心力强化选别过程。在工业试验中获得了良好分选效果，但因结构复杂而未获推广。

我国在 1913 年引进威式摇床，目前已有大量摇床用于分选钨、锡、铌、钽及含金矿石，仅云锡公司一地就应用摇床 1784 台（1986 年），产出商品锡精矿占总量 86% 左右。国外还较多地用摇床选煤（脱出硫化铁），但在我国选煤厂应用还不多，表 3-6 列出了我国应用的摇床类型。

表 3-6 我国常用摇床类型

力　场	床头机构	支承方式	床面运动轨迹	摇床名称
重力	凸轮杠杆（Plat-O 型）	滑动	直线	贵阳摇床、云锡摇床、CC-2 摇床
	偏心衬板（Wilflet 型）	摇动	弧线	衡阳摇床、6-S 摇床
	惯性弹簧	滚动	直线	弹簧摇床
	多偏心惯性齿轮	悬挂	微弧	多层悬挂摇床
离心力	惯性弹簧	中心轴	直线、回转	离心摇床

3.6.2 摇床分选原理

摇床的分选过程是在横向水流和床面纵向的不对称往复运动的共同作用，使矿粒按密度分离的过程。

3.6.2.1 横向水流对矿粒的作用

从床面的横向来看，冲洗水从床面的上侧沿水槽的长度方向给到床面上，在床面上形成均匀的薄水层并沿床面向尾矿侧流动。矿浆由给矿槽给到床面上，其中最细的矿泥因不能下沉，直接被水流冲至尾矿侧排出。粒度比较粗的矿粒则沉在床条之间的槽沟内。床条的作用是阻挡重矿粒免受水流的冲洗而损失，同时还使矿浆在床条间形成涡流运动（图 3-16），从而产生上升水流，使沉积在床条槽沟内的矿粒得到松散。与此同时由于床面的纵向摇动，使矿粒发生抖动因而矿粒在床条槽沟内产生"析离作用"（又叫钻隙作用），即密度大而粒度小的矿粒钻过密度小而粒度大的矿粒间的空隙，进入到最下层，轻的粗矿粒则被挤到最上层，在涡流的作用下，将混入底层的轻的细矿粒卷到上层，即沉积于床条槽沟内的矿粒在床面的纵向摇动和横向水流的作用下，按密度和粒度的不同发生分层，如图 3-17 所示。粗而轻的矿粒位于最上层，其次是细而轻和粗而重的矿粒，密度大而粒度小的矿粒沉到最下层。

床面上的水流，根据水层距床面距离的不同，水速是不同的，紧贴床面的水层水速很小，但离开床面向上流速即迅速增大。因此矿粒在床面上所处的位置不同，受水的作用力也是不同的。位于上层的轻矿粒受水流的冲力大，而位于下层的重矿粒受水流的冲力小。因此，从横向看，对于密度不同的矿粒，重矿粒的移动速度要比轻矿粒的移动速度慢。其移动速度可用下式来确定：

$$v = v_c - \sqrt{v_0^2(\cos\alpha f - \sin\alpha) - c^2 f} \tag{3-1}$$

式中　v——矿粒沿床面倾斜方向的移动速度；

　　　v_c——作用在矿粒上的水流平均速度；

　　　v_0——矿粒在水中的沉降末速；

　　　α——床面倾角；

　　　f——矿粒与床面的摩擦系数；

　　　c——上升脉动水流速度。

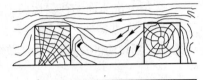

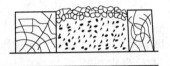

图 3-16　床条间形成的涡流　　　图 3-17　床条间矿粒分层示意图

3.6.2.2　往复运动对矿粒的作用

从床面的纵向看，由于传动机构带动床面做不对称的往复运动，使得床面上的矿粒获得惯性力，当惯性力大于矿粒与床面间的摩擦力时，矿粒与床面产生相对运动。

即当

$$ma \geq G_0 f \tag{3-2}$$

时，矿粒才在床面上开始运动。

式中　m——矿粒的质量；

　　　a——矿粒的惯性加速度；

　　　G_0——矿粒在水中的重力；

　　　f——矿粒与床面间的摩擦系数。

矿粒由相对静止到刚开始沿床面移动时，所需的床面最小惯性加速度称为临界加速度。

临界加速度

$$a_0 = \frac{G_0}{m} f \tag{3-3}$$

对于球形矿粒

$$G_0 = \frac{\pi d^3}{6}(\delta - \rho)g \quad m = \frac{\pi d^3}{6}\delta$$

所以

$$a_0 = \frac{\delta - \rho}{\delta} g f = g_0 f \tag{3-4}$$

式中　g——矿粒在介质中的重力加速度；

　　　g_0——矿粒在介质中沉降的初加速度。

式（3-4）说明，要使矿粒在床面上发生相对运动，所需要床面的最小惯性加速度（临界加速度）和矿粒与床面的摩擦系数有关，同时也与矿粒的密度有关。矿粒的密度越大，则临界加速度越大。所以密度不同的矿粒在同一张床上，开始对床面做相对运动的时间是不同的，开始移动时的速度也是不同的。

为了使不同密度的矿粒由床面的传动端不断地向精矿端移动，传动机构必须做不对称的往复变加速运动，即当它带动床面由前进行程到后退行程时比较快（加速度大），而由后退行程变为前进行程时比较慢（加速度小）。这样，床面在由前进行程转到后退行程的转折阶段，床面具有最大的加速度，床面上的矿粒由于受到强烈的惯性作用力，就能相对床面向前移动。

前进行程和后退行程的时间，或接近相等，或前进的时间比后退的长，这种差别越大，传动机构运动的不对称性就越大。

矿粒在床面上向精矿端的运动速度与矿粒的密度、粒度等因素有关。当床面加速前进时，在摩擦力的作用下，矿粒随床面一起前进；当床面迅速后退时，矿粒由于在前进运动中获得了动能，脱离床面继续向前运动，直至耗尽前进的动能，然后停留在床面和床面一起运动，一直到下一次矿粒又离开床面向前运动。因此，在每一次床面的往复运动中，矿粒都前进一次，如此周而复始的进行，矿粒就逐渐向着精矿端移动。

因为密度大的矿粒摩擦力大，由床面所获得的动能也比较大，所以前进的速度比轻矿粒快。

A 矿粒群在床面上的分带

矿粒群的分带是摇床选别的明显特点。这是由于性质不同的矿粒在床面上的运动轨迹不同而产生的。在床面的纵向摇动和横向水流的作用下，使矿粒在床面上既做横向运动又做纵向运动，其最终运动的方向应等于这两个速度的合速度方向即床面对角线方向。

设 v' 为矿粒的纵向移动速度，v'' 为矿粒的横向移动速度，以 β 表示合速度 v 与摇床纵向所成的夹角（称做偏离角），则：

$$\tan\beta = \frac{v''}{v'} \tag{3-5}$$

由式(3-5)可知，矿粒的横向移动速度越大，则偏离角越大，矿粒将向尾矿侧运动；矿粒的纵向移动速度越大，则偏离角越小，矿粒向精矿端运动。粒度相同、密度不同的矿粒在床面上的运动合速度如图3-18所示。从图中可以看出轻矿粒的偏离角 β_1 大于重矿粒的偏离角 β_2。其原因是由于大密度矿粒位于下层，而小密度矿粒位于上层，致使大密度矿粒与床面间的摩擦力大，而所受的横向水流的冲力就小，因而，大密度矿粒在纵向摇动方向上的移动速度大，在横向水流流动方向上的移动速度小；而小密度矿粒则

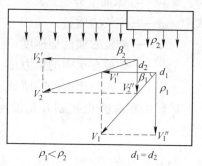

图 3-18 粒度相同、密度不同的矿粒在床面上运动合速度

与大密度矿粒恰恰相反。所以，它们在床面上的偏离角 β 是不同的，大密度矿粒的偏离角小，小密度矿粒的偏离角大。

对于密度相同、粒度不同的矿粒，由于粒度小的矿粒位于下层，粒度大的矿粒位于上层，所以粒度小的矿粒偏离角小，粒度大的矿粒偏离角大，如图3-19所示。因此不同性质的矿粒在床面上能够逐步的分离开来，偏离角相差越大，矿粒分离的越完全。

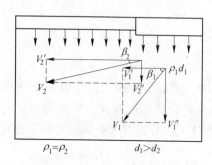

图 3-19 密度相同、粒度不同的矿粒在床面上运动合速度

由于不同性质的矿粒在床面上的偏离角不同，

所以其在床面上排出的区域也不同。当矿浆和冲洗水连续不断地给入床面上时，首先排出的是漂浮在矿浆表面的矿泥。留在槽沟内的矿砂，在"析离作用下"，矿粒呈多层分布。位于粗选区槽沟上层的脉石（轻矿粒），在横向水流的作用下向尾矿侧移动，成为尾矿。位于槽沟下层的矿粒，在床面往复运动的作用下，进入复选区复选。在复选区内，槽沟底部逐渐升高（或床条顶部逐渐降低），矿层逐渐减薄，其上层主要是连生体。矿粒在向精矿端移动的过程中，由于横向水流的作用，上层的连生体不断被消除成为中矿，下层的大密度矿粒则进入精选区。在精选区内，矿层更薄，其中主要是单体解离的大密度矿粒和连生体。在横向水流的冲洗下，其中大部分连生体和少部分粒度较粗的重颗粒被冲至尖灭角端成为富中矿（或叫次精矿），而大部分重矿粒和少量连生体则成为精矿，最后从精矿端排出。于是，矿粒按其密度和粒度的不同在床面上呈现出明显的精矿、中矿和尾矿的扇形分布带，如图3-20所示。分带结果是：大密度矿粒由细到粗地向中矿区排列；小密度矿粒由细到粗地从中矿区向尾矿区排列。

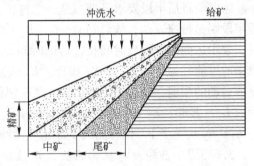

图3-20 矿粒群在床面上的分带图

B 床面上锡品位的分布

在床面的纵向摇动和横向水流的联合作用下，床面上的矿粒产生松散、分层和分带。分带不仅使得矿粒的分选更为完善，并可以根据需要截取不同质量的产物。图3-21为摇床处理-0.074~+0.019mm锡矿泥的品位分布曲线。图中曲线是等品位线，其绘制方法是：将矿石给入摇床并调整正常后，突然停矿、停水和停床，待床面上的矿石干到一定程度后，将床面划分为若干小方格，逐格取样化验，将品位相等的点连成曲线，即得等品位线。

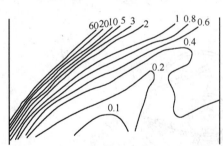

图3-21 摇床床面上锡品位分布曲线

从图3-21可以看出，沿床面横向（即宽度方向），矿石的品位由高逐渐降低，是一个不断扫选的过程；沿床面纵向（即长度方向），矿石品位由低逐渐升高，是一个不断精选的过程。其中在复选区及尖灭线附近矿石品位升高的速度最快，说明复选区对选别起着显著的作用。因此，摇床操作人员必须掌握矿石品位在床面上的分布规律，经常调节精矿和中矿的接取，正确掌握床面洗涤水量及横向坡度调整，做到在保证产品质量的前提下，最大可能的回收有用金属，以利于提高摇床选别效率。

3.6.3 摇床的差动性运动特性

3.6.3.1 摇床的差动性判据

摇床的运动特性曲线可用实测法或图算法描绘。实测法是将位移及速度传感器连到摇床上，通过示波器直接描绘出位移，速度和加速度曲线。图算法是根据床头内机件的几何尺寸关系，首先求出位移曲线，并用函数逼近法建立起数学模型，再进一步推导出速度和加速度方程式，并绘成曲线。

摇床运动的差动性主要表现在前后运动转折时期的加速度不同，因此可以用运行同样距离所需时间不同予以评定，常采用两种不对称系数 E_1 和 E_2 作判据（见图 3 – 22）。

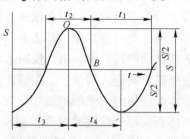

$$E_1 = \frac{（床面前进的前半段 + 后退后半段）所需时间}{（床面前进的后半段 + 后退前半段）所需时间} = \frac{t_1}{t_2}$$

$$E_2 = \frac{床面前进所需时间}{床面后退所需时间} = \frac{t_3}{t_4}$$

床面前进后半段要求迅速减速并急速折返，而后退后半段则是慢速返回，故总是 $t_1 > t_2$，$E_1 > 1$。当 $E_2 > 1$ 时，表示床面前进行程时间长，后退时间短，颗粒向后滑动的可能性减小，E_1 与 E_2 相比，E_1 表示了床面做急回运动的强弱，故比 E_2 更重要。在选别粗粒矿石时可取 $E_1 = 1.88$，$E_2 = 1.24$，选别细粒矿石较为合适。

图 3 – 22 表示参数 E_1、E_2 意义的床面位移曲线

若 E_1、E_2 均等于 1，位移曲线变成正弦曲线，颗粒只在原地摆动。

3.6.3.2 凸轮杠杆机构床头差动性分析

A 床头结构

云锡式摇床采用凸轮式床头传动如图 3 – 23 所示。滚轮 7 被活塞套套在偏心轴 8 上。当偏心轴 8 在图中逆时针转动时，滚轮便压迫摇动支臂（台板 10）向下运动，其摆动量通过连接杆（卡子）11 传给曲拐杠杆（摇臂）1。通过连接叉 3 和拉杆 4 拖动床面做后退运动，并压缩位于床面下面的弹簧。当床面转向前进时，弹簧伸展，推动床面运动。

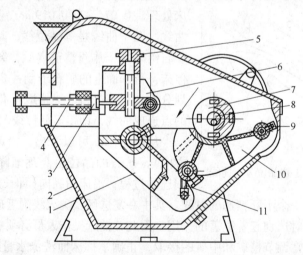

图 3 – 23 凸轮杠杆式床头结构

1—摇臂；2—床头箱；3—连接叉；4—拉杆；5—冲程调节螺丝杆；6—丁字头；

7—滚轮；8—传动偏心轴；9—台板偏心轴；10—台板；11—卡子

整个传动机构被置于一个密封的铸铁箱内。冲程是借旋动手轮改变连接叉在摇臂上的位置调节。连接叉上移，冲程增大，下降则减小。台板偏心轴 9 也是制成偏心的，具有 2mm 偏心距，可用来调整滚轮与台板的接触点位置，从而改变床面运动时的不对称性。床面的冲次同样是借改变皮带轮的直径调节或用变频器调节。

B 凸轮杠杆机构床头运动特性曲线

应用作图法或实测方法求得摇床的位移曲线后，再用高等数学中"实用谐和分析法"将床面的位移瞬时值用富里埃级数表示如下：

$$v = \frac{\mathrm{d}s}{\mathrm{d}t} = \sum_{k=1}^{4}(-A_k k\omega)\sin(k\omega t) + \sum_{k=1}^{4}(B_k k\omega)\cos(k\omega t)$$

$$a = \frac{\mathrm{d}^2 s}{\mathrm{d}t} = \sum_{k=1}^{4}(-A_k k^2\omega^2)\cos(k^2\omega t) + \sum_{k=1}^{4}(-B_k k^2\omega^2)\sin(k\omega t)$$

利用实例值确定出公式中 A_0、A_k、B_k 后，即可用之绘制摇床运动特性曲线，如图 3-24 所示。

3.6.4 摇床类型

摇床的类型主要按床头、床面、支承机构和调坡装置的组合情况区分。按床面的配置有左式和右式之分。站在床头看床面，若给矿槽在左侧即是左式摇床，在右侧即是右式摇床；依安装方式有坐落式和悬挂式之分；按床面层数有单层摇床和多层摇床之分；按处理原料不同有选矿用摇床与选煤用摇床之分。

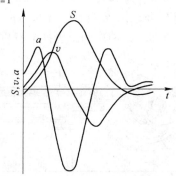

图 3-24 凸轮杠杆机构床头运动特性曲线
S—位移曲线；v—速度曲线；a—加速度曲线

按处理矿石粒度有矿砂（2~0.2mm）摇床和矿泥（-0.2mm）摇床之分。矿砂摇床又可进一步分为粗砂（2~0.5mm）摇床和细砂（0.5~0.2mm）摇床。

床面是分选的工作表面。形状有梯形、菱形等，我国几乎均采用梯形床面，优点是便于配置。将梯形床面的三角形无矿带切下，接到下部尾矿侧便构成菱形床面，可以有效利用分选表面并延长分选时间，国外选煤摇床较多采用。两种床面形状对比如图 3-25 所示。

所有床面均布置有床条，床条走向与传动方向平行。但也有将中间一段布置成倾斜状的，成为波形床条（见图 3-26）。在倾斜条区轻矿物易于排出，因而有助于提高设备处理能力并增加金属回收率。

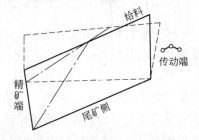

图 3-25 梯形床面与菱形床面比较

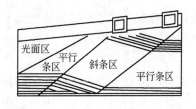

图 3-26 波形床条示意图

床面制造材质有木结构、玻璃钢（玻璃纤维增强聚酯树脂）及铝合金等。木结构床面上要铺以橡胶，上面钉以木床条或黏结塑料橡胶床条。云锡公司床面则涂以漆灰（生漆与煅石膏混合物），后来又改用聚胺基甲酸酯橡胶作涂层。木质床面制造工期长且容易变形损坏。近年已推广玻璃钢床面。该床面是钢骨架与玻璃钢的复合结构，工作表面涂以刚玉树脂耐磨层。床条可直接在床面上造型，重量轻（300~350kg）、造价低、制造工期短是其优点，预计使用寿命可在10年以上。铝合金床面重量轻、表面平整、无变形且使用寿命长，但造价高。我国只在半工业型设备（给矿端宽×排矿端宽×长 = 1050mm×800mm×2000mm）上使用。

3.6.4.1 云锡摇床

云锡摇床是在苏联 CC-2 型摇床基础上经改进而成的，又称贵阳摇床，整体结构见图3-27。采用凸轮杠杆式床头，亦可采用凸轮摇臂式床头。改变滑动头在摇臂上的位置可以调节冲程，冲次则由更换电机皮带轮的直径调节。

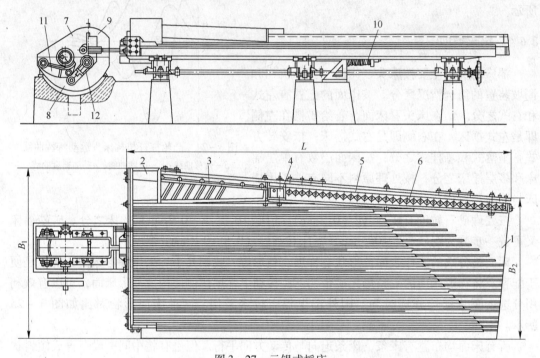

图 3 – 27 云锡式摇床

1—床面；2—给矿斗；3—给矿槽；4—给水斗；5—给水槽；6—菱形活瓣；
7—滚轮；8—机座；9—机罩；10—弹簧；11—摇动支臂；12—曲拐杠杆

云锡式摇床具有较宽的差动性调节范围，以适应不同的给料粒度和选别要求。床头机构易磨损零件少，运转可靠。但压紧弹簧安装在床面下面，调节冲程时需放松弹簧，工作不便。

床面采用滑动支承方式。在床面四角的下方固定有四个半圆形凸起的滑块，滑块被下面长方形油槽中的凹形支座所支承。床面在滑块座上呈直线往复运动。在床面给矿给水槽一侧的支承油槽下面各有三个支脚，支持在三个三角形楔形块上。转动手轮推动楔形块，即可改变床一侧的高度，从而调整床面坡度。这样调坡会使床面头拉杆的轴线位置发生变化，称之为变轴式调坡机构。支承装置和调坡机构示于图3-28中。

云锡摇床的横向坡度可调节范围小，且冲程也不宜过大，故适合处理细粒级矿石或矿泥使用。

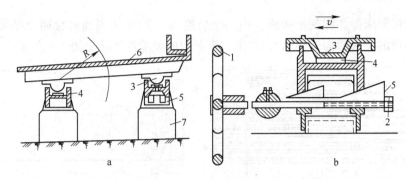

图 3-28 云锡摇床的滑动支承（a）和楔形块调坡机构（b）示意图
1—调坡手轮；2—调坡拉杆；3—滑块；4—滑块座；5—调坡楔形块；6—摇床面；7—水泥基地

云锡床面有粗砂、细砂和矿泥之分。粗砂床面由三个坡度为 1.4% 的斜面连接四个平面构成。矿泥经三次爬坡，床条依次降低。床条总数为 28 根，断面呈梯形。在粗选区，即靠近传动端平面最低处，在每根条上加一小凸条，以增大紊流强度并保护重矿物不致被冲走。粗砂床面及床条构成见图 3-29 及图 3-30。

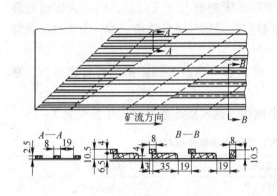

图 3-29 云锡粗砂床面床条构成

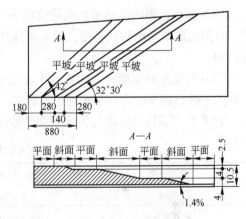

图 3-30 云锡粗砂床面纵坡形式

云锡式细砂床面采用较低的锯齿形床条构成较浅的槽沟。每 3 根床条增加一根 3mm 高的小条，以部分提高两根小条间的水位，有利于细粒锡石沉落，床条共 27 根，床面及床条构成情况见图 3-31 及图 3-32。

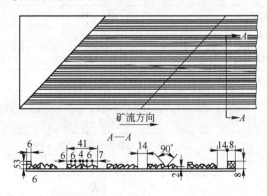

图 3-31 云锡细砂床面床条构成

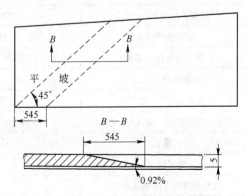

图 3-32 云锡刻槽床面纵向坡度

云锡式矿泥床面亦称刻槽床面，由一个坡度为 0.73% 的斜面连接两个平面构成，采用倒置三角形的尖底槽沟，槽沟共 60 条，床面构成和槽沟形状见图 3-33 及图 3-34。

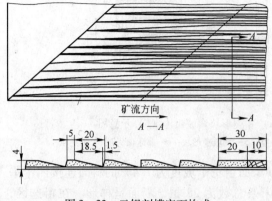
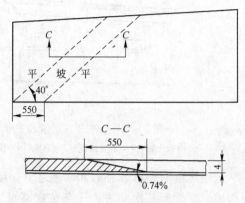

图 3-33 云锡刻槽床面构成   图 3-34 云锡细矿床面纵向坡度

3.6.4.2 云锡 YXB 新型细砂摇床简介

YXB 新型云锡细砂摇床是在传统的云锡细砂摇床基础上开发创新，以增大床面处理量，提高选矿富集比和回收率，提升摇床选别稳定性，达到降低选矿成本，增加经济效益为目的。

YXB 新型细砂床面将云锡细砂生漆床面、床头和广西波形摇床面的各自优点结合在一起，并进行创新设计，来实现上述目的。

YXB 新型云锡细砂床与传统云锡细砂床面结构、选矿操作参数对比情况见表 3-7。

表 3-7 新型细砂床与传统云锡床面操作参数对比表

主要参数	传统细砂床	新型细砂床
坡面	一坡两平	多坡两平
床面来复条	直条型	单波直条型
床面来复条数量	27	40
床面容积	小	增大30%以上
床面选别路程	（直条）短	（斜条）长
床面槽沟	锯齿形槽沟断面	倒三角形槽沟断面
摇床冲次/r·min⁻¹	290~320	350~370
摇床冲程/mm	11~16	10~13
摇床头电动机（参数）	1.5kW, 960r/min	1.1kW, 1400r/min
床面洗涤用水量	大	小（减少50%）
处理量/台·套⁻¹	小（10~20t/d）	大（25~45t/d）
处理（有效选别）粒级范围/mm	窄（0.5~0.074）	宽（0.5~0.010）
富集比	低	高（提高锡精矿品位3%~5%）
锡回收率	不变	提高6%~20%
处理量突变大时漫床现象	有	无

此外，由于 YXB 新型云锡细砂摇床面采用深槽沟、多坡两平的坡面设计，并在复选区选用大斜爬坡，延长了尖灭区来复条槽沟，大幅度提高处理量，洗涤水量比传统云锡细砂床减少 50%，增强了对硫铁矿、铁矿和脉石矿物的淘汰能力，并且在处理量突然变大时不会出现漫床现象，保证了锡精矿品位和选别回收率。

从上表可以看出：YXB 新型云锡细砂摇床与传统云锡细砂床相比有如下改进：

（1）摇床面来复条由 27 根增加到 40 根，并加深了槽沟，坡度由一坡两平增至多坡两平，从而增加了床面的容积，处理量明显增大。

（2）摇床面采用单波结构，延长的来复条，从而延长了选别路程，淘汰硫铁矿、铁矿和脉石矿物能力显著增强，YXB 新型细砂摇床与传统的云锡细砂摇床相比，床面次精矿带锡品位提高一倍，回收率提高 1%。

（3）摇床面初选区内大来复条上增加了多条小槽沟，增强对细粒级锡矿粒的选别和在初选区的捕收能力。

（4）摇床面复选区采用大斜坡单波结构，延长了选别路程，增大了矿粒爬坡高度，淘汰硫铁矿、铁矿和脉石矿物等杂质能力明显增强。

（5）摇床面由于采用单波变坡和多条槽沟复合结构，在厚度几乎一样的情况下矿带比传统云锡细砂床宽 100~200mm 左右，且分带十分清晰、稳定。

（6）摇床面在尖灭区增加倒三角形密集小浅沟，增强了细粒级锡石在复选区的收集能力。

改进后取得下述效果：

（1）摇床面洗涤水量：比传统云锡细砂床减少 50%。

（2）摇床处理（有效选别）粒级宽 0.5~0.010mm，丢出尾矿锡品位低，作业回收率提高 6%~20%。

（3）摇床头电动机由传统摇床的 1.5kW 降到 1.1kW，降低了单位处理量的能耗。

（4）摇床头电动机转速由 960r/min 提高到 1400r/min，冲次增加约 15%~20%，同时降低冲程 10%~20%，确保矿石在床面上仍有足够的时间进行分离。

云锡摇床的技术性能及主要参数列于表 3-8 中。

表 3-8 云锡摇床技术性能及主要参数表

项 目		粗砂摇床	细砂摇床	矿泥摇床
床面尺寸/mm	长度	4330	4330	4330
	传动端宽	1810	1810	1810
	精矿端宽	1520	1520	1520
床面面积/m²		7.4	7.4	7.4
冲洗水量/t·(d·台)⁻¹		80~150	30~60	15~30
床面横坡		2°34′~4°30′	1°30′~3°30′	1°~2°
床面纵坡/%		1.4	0.92	0.73
床面纵坡数/个		3	1	1
床条断面形状		矩形	锯齿形	刻槽形
床头机构		凸轮杠杆式	凸轮杠杆式	凸轮杠杆式
冲程/mm		16~22	11~16	8~11

续表 3 – 8

项　　目	粗砂摇床	细砂摇床	矿泥摇床
冲次/次·min^{-1}	270 ~ 290	290 ~ 320	320 ~ 360
给矿最大粒度/mm	2	0.5	0.074
给矿体积/m^3·(d·台)$^{-1}$	100 ~ 150	40 ~ 80	20 ~ 40
给矿量/t·(d·台)$^{-1}$	30 ~ 60	10 ~ 20	3 ~ 7
给矿浓度/%	25 ~ 30	20 ~ 25	15 ~ 20
床条尖灭角/(°)	32.5 ~ 42	45	40
槽沟最大深度	10.5	5	4
槽沟宽度/mm	19	14	20
电动机功率/kW	1.5	1.5	1.5
占地面积/m^2	11.6	11.6	11.6
外形尺寸/mm × mm × mm	5446 × 1825 × 1242	5446 × 1825 × 1227	5446 × 1825 × 1203
总重量/kg	1045	1030	1065

3.6.4.3 6 – S 摇床

这种摇床又称衡阳式摇床，总体结构见图 3 – 35。采用偏心连杆式床头（见图 3 – 36）。转动手轮，上下移动滑块 4 可以调节冲程。冲次则需借改变皮带轮的直径调节。操作中应旋紧弹簧，不使肘板发生撞击。支承装置和调坡机构安装在机架上，如图 3 – 37 所示。床面支撑在四块板形摇动杆上，可使床面运动呈一定的弧线，有助于床面上矿砂的运搬。支撑杆的座槽用夹持槽钢固定在调节座板上，后者再坐落在鞍形座上。转动手轮，通过调节丝杆使调节座板在鞍形座上回转，即可调节床面倾角。这种调坡不影响床面拉杆的空间轴线位置，称为定轴式调坡机构。调坡范围较大。达 0° ~ 10°。调坡后仍可保持床面运行平稳。

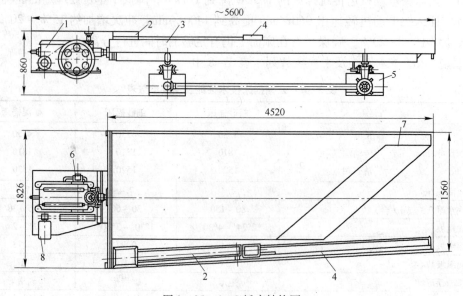

图 3 – 35　6 – S 摇床结构图

1—床头；2—给矿槽；3—床面；4—给水槽；5—调坡机构；6—润滑系统；7—床条；8—电动机

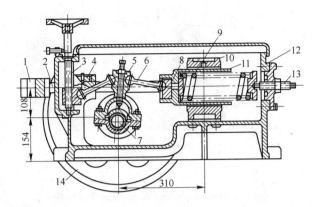

图 3-36 偏心连杆式床头

1—联动座；2—往复杆；3—调节丝杆；4—调节滑块；5—摇动杆；6—肘板；7—偏心轴；8—肘板座；
9—弹簧；10—轴承座；11—后轴；12—箱体；13—调节螺栓；14—大皮带轮

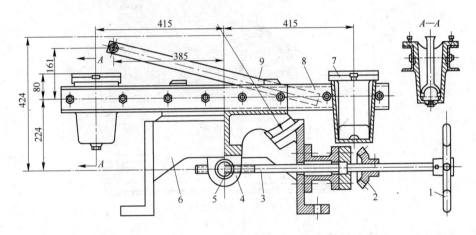

图 3-37 6-S摇床的支承装置和调坡机构

1—手轮；2—伞齿轮；3—调节丝杆；4—调节座板；5—调节螺母；
6—鞍形座；7—摇动支承机构；8—夹持槽钢；9—床面拉条

6-S摇床适合选别矿砂，但亦可选别矿泥，操作调节容易，弹簧安装在摇床头内，结构紧凑，但摇床头的安装精度要求较高，床头结构比较复杂，易磨损件多。改进的摇床头是在箱体外面偏心轴末端，安装一个小齿轮油泵，送油到各摩擦点润滑并可避免传动箱内因装油多而漏油。

6-S摇床有矿砂和矿泥两种床面。矿砂床面的床条断面为矩形，宽7mm，每隔3根低床条夹1根高床条，高床条在传动端的高度由给矿槽向下依次是8mm、8.5mm、9mm、9.5mm、10mm、10.5mm、11mm、11.5mm、12mm、13mm和18mm共11种尺寸。高床条11根，低床条35根，共46根，在末端沿两条斜线尖灭，尖灭角40°，如图3-38所示。

6-S矿泥摇床面断面为三角形，每隔11根低床条有1根高床条，高床条底面宽，在尾矿侧边缘1根为25mm，其余4根为28mm，高度自给矿槽以下分别为5.1mm、6.9mm、8.6mm、10.4mm和12mm。低床条底宽6mm，在传动端高1.6mm，在精矿端沿1斜线尖灭，尖灭角为30°，如图3-39所示。

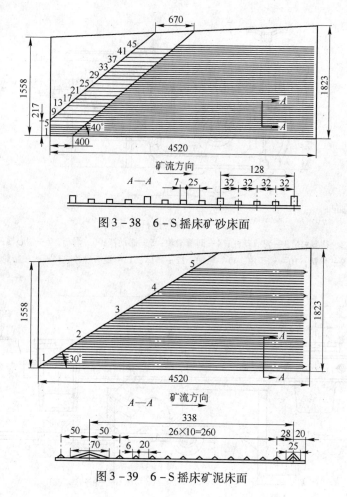

图 3-38 6-S 摇床矿砂床面

图 3-39 6-S 摇床矿泥床面

6-S 摇床的技术性能列于表 3-9。

表 3-9 6-S 摇床的技术性能参数

项　目		矿砂摇床	矿泥摇床	项　目	矿砂摇床	矿泥摇床
床面长度 床面尺寸/mm	端宽	4520	4520	粗选处理量/t·(d·台)$^{-1}$	15～30	7～15
	传动端宽	1825	1825	精选处理量/t·(d·台)$^{-1}$	12～22	5～10
		1560	1560	床面横向坡度	2°～3°40′	1°～2°
床面面积/m²		7.6	7.6	床面纵向坡度/(°)	1～2	-0.5
床头机构		偏心连杆式	偏心连杆式	床条断面形状	矩形	三角形
冲程/mm		18～24	8～16	床条尖灭角/(°)	40	30
冲次/次·min^{-1}		250～300	300～340	电动机功率/kW	1.1	1.1
给矿最大粒度/mm		3	0.074	外形尺寸/mm×mm×mm	600×1825×860	600×1825×860
给矿浓度/%		20～30	15～25	总重量/kg	1326	1326
冲洗水量/t·(d·台)$^{-1}$		17～24	10～17			

西华山钨矿选矿厂采用 6-S 摇床处理水力分级机 1～4 室沉砂及浓泥斗的沉砂，给矿最大粒度为 2mm（长空筛筛分）。操作条件如下：

冲程：矿砂摇床 16～30mm；矿泥摇床 8～16mm。

冲次：矿砂摇床 220～250 次/min；矿泥摇床 260～300 次/min。

横向坡度：粗砂 3.5°～5°；中砂 2.5°～3°；细砂 1.5°～2.5°。

纵向坡度：粗、中砂 1°～2°；细砂 1°；矿泥 0°。

冲洗水量：处理水力分级 1、2 室沉砂 2～3.8m³/t 矿；处理水力分级 3、4 室沉砂 1.2～1.8m³/t 矿；

处理浓泥斗沉砂：0.8m³/t 矿。

生产指标如表 3－10 所示。

表 3－10　6－S 摇床处理黑钨矿的分选指标

给　料	处理量/t·h⁻¹	品位（WO₃）/%				回收率/%
		给矿	精矿	中矿	尾矿	
水力分级 1 室沉砂	4.07	0.37	23.37	0.18	0.07	58.45
水力分级 2 室沉砂	3.04	0.38	34.88	0.15	0.06	66.81
水力分级 3 室沉砂	2.88	0.38	26.28	0.15	0.07	56.43
水力分级 4 室沉砂	1.32	0.42	23.8～62.4	0.23	0.09	66.17
浓泥斗沉砂	0.98	0.46	18.08～62	0.30	0.20	28.08

3.6.4.4　弹簧摇床

弹簧摇床由偏重轮起振，借助软硬弹簧带动床面做差动运动。床头结构如图 3－40、图 3－41 所示。

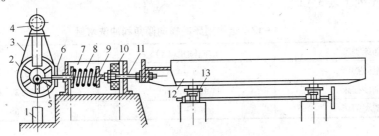

图 3－40　弹簧摇床的整体结构

1—电动机支架；2—偏重轮；3—三角皮带；4—电动机；5—摇杆；6—手轮；7—弹簧箱；
8—软弹簧；9—软弹簧帽；10—橡胶硬弹簧；11—拉杆；12—床面；13—支承调坡装置

调整软弹簧的压缩量可在一定范围内调整冲程，如需作较大调整即须改变偏心重量或偏心距。冲次需由改换皮带轮直径调整。弹簧摇床的支承方式原是用辊柱支持，因用久磨损而变成椭圆，引起床面振动，故近年多改成云锡式床面支承方法，同样用楔形块调坡。床面采用刻槽床面。

弹簧摇床的优点是结构简单，造价低、差动性大，适于分选矿泥。缺点是冲程随给矿量而变化，难保持稳定，且噪声较大。弹簧摇床的技术性能及参数列于表 3－11 中。

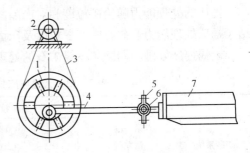

图 3－41　摇杆柔性连接示意图

1—偏重轮；2—电动机；3—三角皮带；4—摇杆；
5—卡弧；6—胶套；7—床面

表 3 – 11 弹簧摇床技术性能及主要参数

项 目		数 值	项 目	数 值
床面尺寸 /mm	长度	4493	处理能力/t·(d·台)⁻¹	3~8(-0.074mm)
	传动端宽	1833	给矿浓度/%	15~20
	精矿端宽	1577	床面清洗水量/t·(d·台)⁻¹	10~20
床面面积/m²		7.43	床面横向坡度/(°)	1.5
冲程/mm		9~16	横坡调节机构	楔形块变轴式
冲次/次·min⁻¹		320~380	电机功率/kW	1.1
给矿最大粒度/mm		<2	总重量/kg	850

3.6.5 摇床的工艺操作参数

摇床的工艺操作参数有：冲程、冲次、给矿体积、给矿浓度、清洗水量及床面横向坡度等。

(1) 冲程、冲次。冲程、冲次共同决定着床面的速度和加速度，因而影响粒群的松散度和搬运速度。处理粗粒级矿石，床层厚，需有较大冲程和较小的冲次、处理细粒级和矿泥要求则相反。

(2) 床面的横向倾角和冲洗水量。这是操作中经常调节的两个参数。增大横向坡度和清洗水量均可加大矿粒的横向运动速度，但增大清洗水量还可增强选择性分离作用。一般粗选或扫选作业采用"大坡小水"，精选作业则采用"小坡大水'。选锡摇床的横向倾角和冲洗水量列于表 3 – 12。

表 3 – 12 选锡摇床的横向倾角和冲洗水量

摇床类型	横向倾角/(°)	清洗水量/t·(台·h)⁻¹
粗砂摇床	2.5~4.5	3.3~6.3
细砂摇床	1.5~3.5	1.3~2.6
矿泥摇床	1~2	0.6~1.3

(3) 给矿浓度、给矿体积和处理量。给矿体积影响矿浆在床面上的流速。随着给矿体积增加，精矿回收率下降、尾矿损失升高。增大给矿浓度，固体料层增厚，分层速度降低，精矿回收率降低，但尾矿损失变化不大，较多金属量进入中矿。生产中适当控制给矿体积，加大给矿浓度，可以提高处理能力。

摇床的处理能力随给矿粒度和对产品的质量要求不同，变化范围很大。前苏联学者总结了摇床处理能力与矿石密度、粒度及床面尺寸关系。

云锡摇床处理不同磨矿段锡矿石的处理量列于表 3 – 13 中。

表 3 – 13 云锡摇床处理各选别段矿石的处理量

摇床类型		给矿粒度范围/mm	处理量/t·(d·台)⁻¹
矿砂系统	第一段	0.074~2	20~25
	第二段	0.074~0.5	15~20
	第三段	0.074~0.2	10~15
矿泥系统	粗泥	0.037-0.074	5~7
	细泥	0.019-0.037	3~5

3.6.6　摇床维护与检修

（1）根据来矿变化，即时调节洗涤水量和横向坡度，保持精矿带稳定变成一条直线。

（2）经常清理砂槽，排矿孔，保证畅通无阻，下砂均匀，床面不产生拉沟急流。

（3）每次检修后主动检查，调节冲程，冲次，使之保证符合技术要求。

（4）开车前的检查，开车前认真检查安全挂罩是否齐全，摇床有无漏油，润滑油路是否正常，分泥斗、分级箱各沟道、槽子是否畅通，有无杂质阻塞，设备电气是否正常。

（5）摇床正常运转时要巡回检查：

1）电机，床头油仓的温度，响声是否正常，地脚螺栓是否稳固，床面是否跳动，床头油仓的油链是否运转。

2）流程有无错乱，流向是否正确，管道槽子有无通漏。

3）分泥斗、溢流槽，分级箱阻砂条是否通畅，即时清除床面泥垢。

4）按要求补加润滑系统的油量。

（6）摇床操作的注意事项：

1）不得随便更换保险丝规格。

2）不得在电机设备上放置工具和其他用品。

3）工作场所保持足够的照明，人行道畅通。

4）遇突然停电，及时拉下电源开关。

3.7　离心选矿机

3.7.1　概述

1939年荷兰出现了水力旋流器，借助颗粒在回转运动中产生的惯性离心力加速了浓缩分级过程，自此离心力被引用到选矿领域。我国云锡公司于1964年制成了卧式离心选矿机，开创了离心流膜选矿新工艺。国外在同一时期则大力发展了厚层回转流的短锥旋流器。从那时以后离心选矿在矿泥重选技术中开始占有重要地位。

3.7.2　离心选矿机构造

离心选矿机主要由分选机构和辅助机构两大部分组成。

（1）分选机构。离心选矿机的转鼓为它的分选结构，转鼓呈中空锥台形，转鼓内表面坡度为3°~5°，它可以由铸钢、铸铁或玻璃钢等制成，转鼓通过底盘固定在轴上，并随轴一起旋转。

（2）辅助机构。离心选矿机的辅助机构较多，主要由给矿装置，排矿装置、冲洗装置以及它们的动作程序控制装置等几个主要部分构成。卧式离心选矿机主要工作部件是，截锥形转鼓，半锥角3°~5°，借助底盘固定在水平轴上，由电机通过三角皮带带动旋转，设备结构见图3-42。

1979年云锡公司又制成了排矿端对接的双转鼓离心选矿机，结构如图3-43所示。该机采用玻璃钢制造转鼓及底盘，重量比铸铁减轻，辅助机构采用液压系统代替原来的电控机控装置，操作稳定可靠，单位电耗降低50%，水耗降低40%。

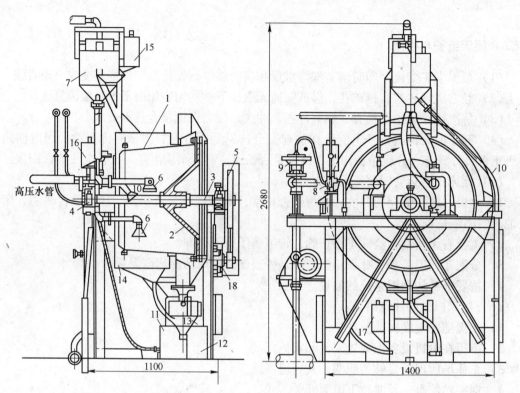

图 3-42 φ800×600 卧式离心选矿机

1—转鼓；2—底盘；3—轴；4—轴承；5—皮带轮；6—给矿嘴；7—给矿器；8—三通阀；
9—皮膜阀；10—冲水嘴；11—尾矿槽；12—精矿槽；13—分矿器；14—防护罩；
15—断矿电磁铁；16—冲矿电磁铁；17—分矿电磁铁；18—电动机

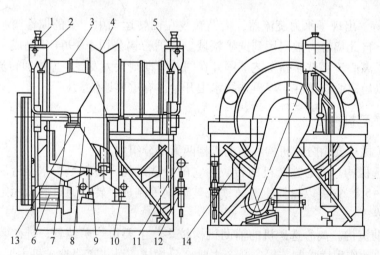

图 3-43 XL-φ2000-1 型双转鼓离心机结构图

1—断矿斗；2—给矿器；3—防护罩；4—接矿槽；5—断矿液；6—电动机；7—转鼓；8—底盘；9—分矿斗；
10—分矿液压缸；11—冲矿液压缸；12—冲矿水阀；13—给矿嘴；14—冲矿水管

　　为了充分利用转鼓内的空间，曾经研制了多种规格的双层转鼓离心机。鞍钢矿山研究所 1976 年研制成的 φ1200×800～φ800×600 双层转鼓离心机在弓长岭选厂处理假象赤铁矿石,对较粗粒级的回收率与单层转鼓相近,但对细粒级回收效果则较差,粒度回收下限上升到19μm。云锡公司于1976年和1978年先后研制成了串联双锥度转鼓离心机,如图3-44所示,在处理砂锡矿和脉锡矿中取得了较好的指标,但同样表现出对37~19μm回收效果最好。多层离心选矿机具有占地面积小、处理量大、节约电耗等优点。但由于各层转鼓必须在同一转速、同一给矿浓度下工作,难以达到各层转鼓的最佳操作条件要求,故总指标总是要比单层转鼓要低一些。同时由于操作观察、维修安装不方便,所以试验后未能在生产中广泛应用。但根据相似关系将转鼓结构参数适当加以调整,分选指标达到单层转鼓的水平还是可能的,从提高设备处理能力角度出发,发展多层转鼓离心机还是可行的。

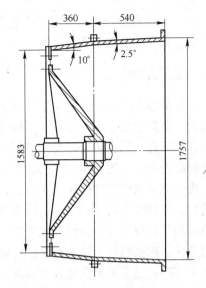

图3-44 改进后的 φ1600×900 双锥度转鼓结构图

3.7.3 离心选矿机工作原理

离心选矿机的转鼓以一定的转数高速旋转,矿浆由给矿分矿器经给矿嘴分两处送入转鼓的内壁上。矿浆随鼓高速旋转,在离心力的作用下,重矿物沉积于转鼓的内壁上并随转鼓一起旋转,矿浆中的轻矿粒以一定的差速随转鼓旋转,在旋转过程中以一定的螺旋角由给矿端沿转鼓坡度方向向排矿端旋转流动,到末端经排矿分矿器排出,即为尾矿。经过3min的选别后给矿分矿器自动转到排精矿的位置,停止向转鼓内给矿,待尾矿排完后,排矿分矿器自动转离原正常位置准备截取精矿,然后高压冲洗水阀自动打开,高压冲洗水将沉积在转鼓内壁上的精矿冲下,精矿冲完后高压水阀自动关闭,待精矿排完后,排矿分矿器、给矿分矿器自动复位开始下一个选别循环。

离心选矿机也叫离心溜槽。目前离心机的种类很多,但结构基本相同。离心机高速旋转时产生很大的离心力,强化重选过程,使微细矿粒得到更有效的回收,它的出现成功地解决了微细粒的充分回收,因此,目前广泛用于回收钨、锡、铁等矿泥。

3.7.4 影响离心机选别效果的参数

(1) 设备结构参数,包括转鼓直径,转鼓长度,鼓壁坡度和程序控制装置,运行的精准程度。

(2) 选矿工艺参数,包括给矿体积,给矿浓度,给矿时间,转鼓转数等。

上述参数对不同的矿石应通过试验确定。

3.7.5 离心选矿机的操作

(1) 要稳定给矿体积、给矿浓度与给矿粒度。对给矿要认真隔渣。

(2) 要防止冲矿嘴的堵塞,这就要求冲矿水要清洁,不能有草渣。

(3) 要经常检查控制机构的动作是否灵活,分矿、断矿、冲矿是否协调。

（4）要注意检查设备各零部件有无磨损或破裂，水压是否符合要求，若发现有漏水、漏矿浆现象，要及时处理。

3.8 皮带溜槽

皮带溜槽是20世纪60年代初期研制成功的一种矿泥重选设备。它具有结构简单、易于维护、制造容易、运行可靠、工作稳定、操作简单、处理粒度细、作业效率高的特点，因而在我国锡、钨选矿厂广泛地应用于74~10μm矿泥的精选。皮带溜槽的缺点：单位面积处理能力小，占用厂房面积大，基建投资高。故其使用的范围有一定的局限性。

皮带溜槽的构造如图3-45所示，操作使用条件见表3-14。分选是在一条无极皮带上进行。带面长3m，宽1m，皮带两侧有挡边，并用张紧装置保持带面平整。皮带上方装有给矿匀分板和给水匀分板，使矿浆和冲洗水成帘状均匀分布在带面上。给矿匀分板以下为粗选区，矿浆沿带面顺流而下，在流动中轻、重矿物发生分层，重矿物沉到底部，随带面向上移动，过了给矿点进入精选区。精选区一般长0.6m。在这里沉积的矿物受到水流冲洗，进一步将轻矿物排出。然后，随着带面绕过首轮，利用带面下方的喷水将带面沉积物冲洗下来，排入精矿槽中。在喷水管后面还有精矿刷与带面做反方向转动，进一步将精矿卸净。带面坡度13°~17°之间。

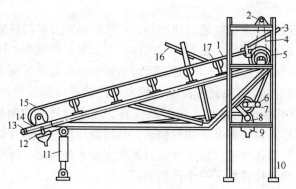

图3-45 皮带溜槽结构

1—带面；2—天轴；3，16—给水匀分板；4—传动链条；5—首轮；6—下张紧轮；7—精矿冲洗管；8—精矿刷；9—精矿槽；10—机架；11—调坡螺杆；12—尾矿槽；13—滑动支座；14—螺杆；15—尾轮；17—托辊

表3-14 皮带溜槽的技术规格及适宜操作条件

项　目		单层皮带溜槽	双层皮带溜槽	四层皮带溜槽
带面尺寸（长×宽）/mm×mm		3000×1000	3000×1000	3000×1000
选矿面积/m^2		3	6	12
带面坡度/（°）		13~17	13~17	13~17
带面速度/m·min^{-1}		1.8	1.8	1.8
分选粒级/mm		-0.074~+0.019	-0.074~+0.019	-0.074~+0.019
处理量/t·d^{-1}	粗选	2~3	4~6	8~12
	精选	0.9~1.2	1.8~2.4	3.6~4.8
给矿浓度/%		25~35	25~35	25~35
洗涤水量/t·d^{-1}	粗选	3~6	6~12	12~24
	精选	7~10	14~20	28~40

影响皮带溜槽工作的因素主要有：带面坡度、带面速度、处理量、给矿浓度和洗涤水量。这种溜槽利用大坡度提高剪切流动速度，同时又在平整的带面上采取薄流膜形式流动。流态近似呈层流，避免了微细粒矿物损失。

皮带流槽的操作管理：

（1）给矿体积和给矿浓度应该稳定在一定范围内，超出了一定范围，对分选指标影响较大。

（2）皮带溜槽入选物料中应隔除渣屑等杂物，矿浆经给矿匀分板均匀地分布在带面上，防止拉沟急流现象。

（3）皮带溜槽用水应无渣屑，不浑浊，洗涤水应均匀给入带面。

（4）皮带流槽的坡度，一般不经常调节，在给矿性质发生大的变化时，才进行调节。

（5）皮带不能带油，生产一段时间后要刷去带面上的矿泥。

（6）经常注意观察带面的变化，若发现不正常现象，应及时找出原因，加以处理，直至正常，要经常检查精矿的冲洗水，防止阻塞。

（7）在上层皮带下部加接矿盘，防止带面砂水流至下层皮带及首、尾轮。

3.9 带式振动选矿机

带式振动选矿机是近期选矿科技工作者研制的一种新型流膜选矿设备，主要针对矿浆中粒度 0.074~0.019mm 的细粒级颗粒具有较好处理能力。其结构见图 3-46。

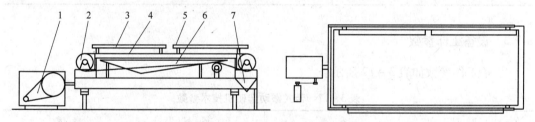

图 3-46 带式振动选矿机结构示意图
1—床头；2—传动滚轮；3—给矿器；4—输送带；5—洗矿水槽；6—尾矿槽；7—精矿

带式振动选矿机主要由床头、传动滚轮、给矿器、输送带、洗矿水槽、尾矿槽和精矿槽等几个主要部分构成。该设备具有单机处理能力大，精矿品位高，动力消耗少，冲次和带速连续可调等优点；但是也有耗水量大，占地面积大等缺点。如何能减少占地面积和降低耗水量是以后发展的主要方向。

3.9.1 工作原理

该设备结合了摇床选矿与皮带溜槽选矿的优点，在 6-S 摇床床头的带动下，床面做往返运动。床面上搭载有一条横流皮带，并与水平面保持一定坡度，在传动装置的带动下持续向前运动。轻矿物在流膜作用下被冲刷至轻矿物端排出，重矿物在床面皮带的带动下，一直运动到皮带末端被高压冲洗水冲刷排出。

3.9.2 选别指标

该设备可以实现在原矿含锡 0.52% 的情况下产出精矿锡品位 6% 左右的优良指标。并且针对小于 0.074mm 的矿石也有较好的指标。目前单机处理量已达 15t/d。其给矿粒度分布见表 3 - 15，生产测定指标见表 3 - 16。

表 3 - 15　带式振动选矿机给矿粒度分布

粒度/mm	产率/%	品位/%	金属分布率/%
+0.074	6.417	0.118	1.481
-0.074 ~ +0.037	42.351	0.452	37.453
-0.037 ~ +0.019	47.998	0.617	57.942
-0.019 ~ +0.01	1.951	0.552	2.107
-0.01	1.283	0.405	1.017
合　计	100	0.511	100

表 3 - 16　带式振动选矿机生产测定指标

序　号	产品名称	产率/%	锡品位/%	回收率/%
1	精矿	6.079	5.96	69.54
2	次精矿	13.899	0.661	17.63
3	中矿	80.022	0.083	12.83
4	尾矿			
合　计		100	0.521	100

3.9.3　设备工作参数

设备工作参数如表 3 - 17 所示。

表 3 - 17　带式振动选矿机技术参数

项　目	参　数	项　目	参　数
皮带带速/m·min⁻¹	1.2（可调）	处理量/t·(d·台)⁻¹	15
床头冲次/次·min⁻¹	小于 120	皮带宽度/mm	1600
床头冲程/mm	8	电动机功率/kW	1.1 +0.75
床面坡度/(°)	3	床头形式	6 - S 型

3.10　辅助设备

选矿厂的辅助设备主要是指：物料输送设备。如带式输送机等；各种给料机，如振动给料机，槽式、摆式、板式给料机，圆盘给料机等；水和浆体输送设备（泵）；起吊设备等。其中泵在选矿厂普遍使用，数量较多，因此本节以泵为主。

3.10.1　砂泵

3.10.1.1　概述

（1）泵是用于液体和浆体（泛指浆状的固液混合物，如矿浆、渣浆、灰浆等，选矿厂主要是砂浆）提升输送的机械设备，广泛用于矿山（含选矿）、冶金、煤炭、电力、建材、化工等行业。

（2）选矿生产，尤其是重力选矿，用水量一般是原矿量的 10～25 倍，选矿过程中泵发挥着十分重要的作用：

1）水泵将大量的低位水（包括水源补充水及回用水）提升到高位、中位贮水池供选矿各作业使用。

2）在选别流程内部，由于设备、设施配置上的原因，当中间产物的矿浆不能自流到下一作业处理时，就需要砂浆泵（俗称砂泵）将低位矿浆扬送到预定位置，实现工艺流程要求。如果使用旋流器分级脱泥，也需要利用砂泵加压。

3）选矿生产出的精砂浆、尾砂浆，也经常利用砂泵提升到浓缩设备。浓缩后的尾矿，常用砂浆泵输送到距离较远的尾矿库。国内一些大型、特大型选矿厂，利用先进的浆体管道输送技术，将精矿产品输送到数十公里至数百公里，可输送精矿量达数百万吨。在重选厂，因大量扬送水和矿浆，砂泵使用多，电能消耗大，水泵、砂泵的耗电量在全厂用电量中占有很大比重。因此水泵、砂泵虽是选矿的辅助设备，但工作的好坏，直接关系选矿生产的效率和效益。

选矿厂工艺流程内部普遍使用离心式砂泵，并以卧式为主。在泥砂浆输送中，除使用离心泵外，有的还使用容积泵（如马尔斯泵等）。

3. 10. 1. 2　泵的分类

泵的类型繁多，可从不同角度分类，如：

按工作原理分，有离心式泵、容积式泵、特种泵。

按输送介质分，有水泵、浆体泵、溶液泵（酸，碱、盐），液体金属泵等。

按泵轴的方位和支撑的方式分为，卧式泵、立式泵。

3. 10. 1. 3　容积式油隔离泵结构及工作原理

容积式浆体泵属往复式泵，适于浆体输送的有油隔离泵（马尔斯泵）、隔膜泵等。

油隔离泵工作原理是电机驱动、减速传动机构使偏心轮做旋转运动，带动连杆、十字头机构使活塞做往复运动。当活塞从油缸左始向右移动时，把罐中油吸入油缸，同时料浆从吸入管被吸入阀箱，经乙形管至油隔离罐底部，使罐中的油—浆界面上移，当活塞运动到右始时，完成吸入过程。当活塞向相反方向移动时，活塞把油缸中的油压向隔离罐，缸内矿浆与隔离油的分界面下移，矿浆从隔离罐底部被压出，经乙形管、阀箱，从空气室出口输送到排出管，从而完成一个工作循环，结构见图 3－47。由于多缸（此机为双缸）和双作用的功能，使各液力缸不同步工作变成基本稳定的矿浆流。

3. 10. 1. 4　离心式泵结构及工作原理

A　离心泵结构

离心式砂泵，见图 3－48（ZJ 型渣浆泵结构图）主要由传动部分、支撑部分、工作部分和轴封部分组成，安装如图 3－49 所示。

传动部分有电动机、联轴器、泵轴及轴承。支撑部分有机座、托架、轴承箱。工作部分有叶轮、前后护板、泵室（蜗壳）。轴封部分有副叶轮、水封环、填料箱。

B　离心泵工作原理

当泵室灌满水，启动电动机带动叶轮在泵室内做高速运转时，叶轮内的水在离心作用下，获得能量，以很大的速度被甩出叶轮，进入蜗形泵室，在泵室内形成巨大的动压力，

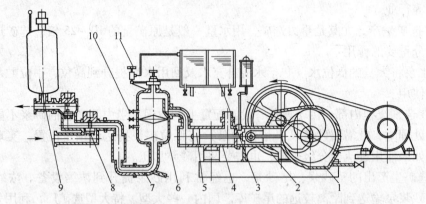

图 3-47   油隔离泵工作原理示意图

1—传动箱；2—皮带轮；3—油箱；4—液缸；5—活塞；6—隔离罐；
7—乙形管；8—阀室；9—空气室；10—取样阀；11—排气阀

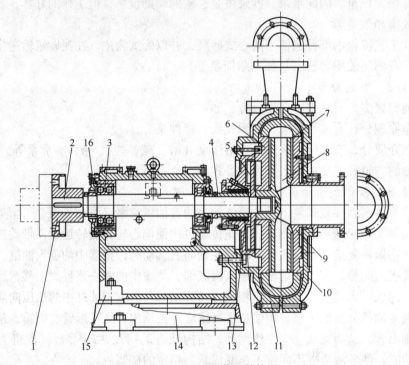

图 3-48   ZJ 型渣浆泵结构图

1—联轴器；2—轴；3—轴承箱；4—拆卸环；5—副叶轮；6—后护板；7—蜗壳；8—叶轮；9—前护板；
10—前泵壳；11—后泵壳；12—填料箱；13—水封环；14—底座；15—托架；16—调节螺钉

驱使水经流道进入出口排水管道而被提升，与此同时，叶轮中心形成负压，位于吸入管处的外部水在大气压作用下，沿进水管被不断吸入叶轮内，从而形成连续吸水和排水的作业方式。

泵将介质油低位提升到高位，是一个能量转换过程，即：电能→机械能→介质动能→位能。

高速旋转的叶轮使介质获得的能量，除部分动能用来克服泵内阻力外，大部分动能转

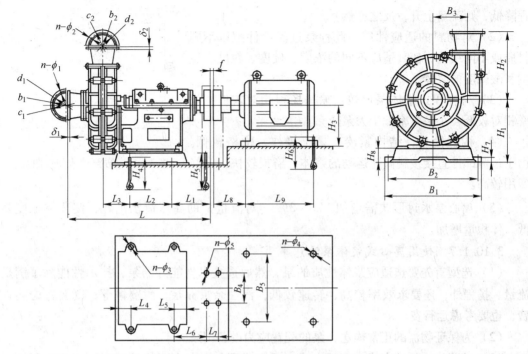

图 3 - 49　ZJ 型渣浆泵直联传动安装图（单独底座）

化为压能，即变为泵的压头。

3.10.1.5　离心泵技术性能参数

离心泵是通过叶轮的旋转离心作用使流体介质（水、浆、溶液等）直接获得能量的扬送设备，其技术参数主要是：

（1）流量 Q，指单位时间的排出量，m^3/h 或 L/s。

（2）扬程 H，指提升的高度或单位质量的介质通过泵后所获得的能量，m。

（3）功率 N，指轴功率（输入功率），kW 或 HP（马力）。

（4）效率 n，指有效功率与轴功率之比，%。

（5）转速 n，指泵轴（或叶轮）每分钟转速，r/min。

（6）汽蚀余量 ΔH，指泵吸水口处单位重量的水超出水的汽化压力的富余能量。m 或允许吸上真空度，指水泵吸水口处的真空度。

性能参数相互关系为：

流量 Q 与转速 n 成正比：$\dfrac{Q_2}{Q_1} = \dfrac{n_2}{n_1}$；

扬程 H 与转速 n 的平方成正比

功率 N 与转速 n 的立方成正比。

出泵的性能特性曲线图 3 - 50 可以看出，在转速不变时，扬程上升则流量下降，效率降低；流量上升则功率增加。

3.10.1.6　离心式浆体泵特点

（1）流量适用范围广：此种泵国内有很多系列和型号的产品，可供选择的流量范围广，小到数十（m^3/h），大到数千（m^3/h）。单台泵的流量随扬程的变化幅度也较大（扬程降低，则流量上升，反之亦然）。

（2）对物料的适应性广：此种泵过流部件配以不同材质或不同结构，使其适应不同的浓度、硬度、粒度、温度和酸碱度的浆体。

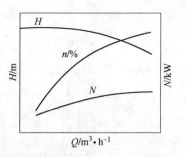

（3）与容积式浆体泵比较：输送扬程相对较低，效率相对较低，小泵效率低于大泵效率。

（4）构造简单，结构紧凑，易于操作，价格较低。由于过流部件直接接触高速运动的浆体，磨损较快，维修费用较高。

图 3-50 砂泵清水特性曲线

（5）离心泵水封形式需增加 1%~3%（对流量）的高压清水消耗，使浆体浓度降低，体积量增加。

3.10.1.7 使用离心式浆体泵注意事项

（1）选型首先要选适应浆体性质的泵，然后选技术性能好的泵，技术性能除了满足流量、扬程外，还要求效率较高，转速较低，汽蚀余量充足，耐磨蚀等；既要考虑购置费，也要考虑运行费。

（2）为保证物流的正常输送，泵的配置应为设备用泵。

（3）矿浆进入泵的方式，有吸入式，压入式两种，在有可能的情况下，应采用压入式，更利于泵的操作和正常运行。

（4）矿浆进入泵池前，应该设隔渣装置，隔除粗渣杂物，避免流道阻塞或不畅，进入泵池的矿浆应相对稳定。

（5）制泵厂商提供的浆体泵技术性能参数，为新出厂泵的清水性能，由于清水和浆体的性质（密度、粒度、浓度、黏度等）不同和随之而来的管道阻力的不同，在扬送浆体时，扬程、流量、效率都含有不同程度的降低。另外，生产中随着过流件的磨损，性能指标也会逐步下降。在设计选择计算时，必须考虑这些因素。

泵扬送浆体需要的总扬程一般按如下计算：

$$H_Z = (H + L \cdot i) \frac{\Delta p}{\Delta w} + h$$

式中　H_Z——砂泵扬送矿浆折合清水后所需的总扬程，m；

　　　H——需要的几何高差，m；

　　　L——包括直管及管路附件折合为直管后的总长，m；

　　　i——管道清水阻力损失，Pa/m；

　　　h——剩余压头，m；

　　　Δp——浆体密度，t/m³；

　　　Δw——水的密度，t/m³。

除上式已考虑介质密度因素外，确定所需扬程还必须考虑上述其他因素，适当增加所需扬程。

（6）泵在使用中，其性能参数是可以在允许范围内进行调整的，调节方法有：改变管路特性、改变转速、改变叶轮直径等。调整的目的在于适应生产变化需要。

3.10.2 陶瓷过滤机

3.10.2.1 概述

陶瓷过滤机是集机电、微孔陶瓷、超声技术为一体，依靠真空吸力和毛细作用实现固液分离的新型高效、节能过滤设备。1979 年由芬兰瓦迈特公司（Valmet OY）研制成功并用于造纸工业。后由芬兰奥托昆普公司奥托梅克子公司购买了陶瓷片的制造专利，并于 1985 年首次用于矿山工业的精矿脱水，取得了良好的经济效益。

我国于 20 世纪 90 年代首先在凡口铅锌矿引进试用，取得良好效益。20 世纪 90 年代末，我国江苏省陶瓷研究所和江苏宜兴市非金属化工机械厂实现了陶瓷过滤机核心技术——陶瓷过滤片的国产化。现在陶瓷过滤机在我国已广泛用于矿业、环保等行业。

3.10.2.2 过滤原理

毛细过滤机的过滤原理是基于一种自然现象，即一根很细的管子浸入水中时，管中的水面会高于其周围的水面，使得细管具有一定的提升力，这是由于水的表面张力和水与管壁之间的亲和力所引起；当把细管提出水面时，管内的水也不会流出。只有施加一定的力才能吹出管内的水，这是毛细管呈现出的两个作用，一是把水吸进管内，二是保持管内的水分，阻止空气通过细管。

陶瓷过滤机就是利用这一原理，以氧化铝为基本成分的陶瓷片中布满直径小于 $2\mu m$ 的小孔，每个小孔相当于一根毛细管，过滤介质与系统连接后，当水浇注到陶瓷片表面时，液体将从微孔中通过，直到所有游离水消失为止，此后就不再有液体通过介质，而微孔中的水阻止了空气的通过，从而形成了无空气消耗的过滤过程。这也就是陶瓷过滤机相比于其他过滤机节省能源的原因。

当陶瓷片插入矿浆时，情况与水相同，滤饼所含水分由陶瓷片毛细管抽出，最后达到平衡状态，此时也就是滤饼的最低含水量，这个过程中，真空度可达 95% 以上，从而保证了最佳过滤状态。

3.10.2.3 设备结构及工作过程

陶瓷过滤机结构主要由矿箱、搅拌器、筒体、管道及 PLC 可编程控制器组成。

陶瓷过滤机的工作方式与普通圆盘过滤机相似，见图 3-51。工作周期由矿浆给入、滤饼形成、滤饼干燥、滤饼卸料、反冲洗五部分组成。矿浆由浓密机底流注入给矿槽内，搅拌器在槽内搅拌，防止矿浆沉槽，主轴带动陶瓷盘进入矿箱内，在滤盘上形成滤饼，滤饼厚度可以通过调节矿浆液位和过滤盘转速来调节，滤饼形成后进入干燥区，干燥后的滤饼由陶瓷刮刀从陶瓷片上刮下，要注意的是，在滤饼的剥离过程中，仍有一层滤饼黏附在陶瓷片表面，被冲洗水冲下，这样可以减轻陶瓷片的磨损。

3.10.2.4 特点

毛细作用陶瓷过滤机类似于传统真空过滤机，主要差别是它采用了布满细孔的陶瓷片，它们只允许滤液通过，几乎是绝对真空的毛细作用。它与传统过滤机相比有以下特点：

（1）真空度高，滤饼水分低；

（2）滤液清澈，几乎不含固体物质，可直接返回使用或排入水体；

（3）能耗仅为传统过滤机的 10%~20%；

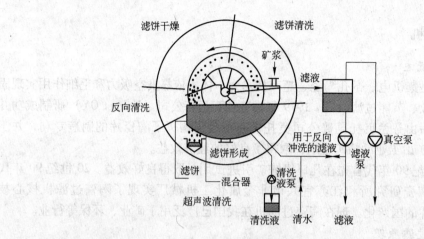

图 3-51 陶瓷过滤机的工作方式

（4）无需价格昂贵的滤布；

（5）自动连接运转，维护费用低，设备利用率高达95%以上；

（6）生产无污染，环境安全；

（7）陶瓷片使用寿命长，更换容易，工人劳动强度低；

（8）精矿脱水费用仅为传统的18.8% ~40.1%。

 复习与思考题

1. 常用的流膜类重选设备有哪些，其性能特点如何？

2. 重选设备对所处理矿石的性质都有哪些要求，为什么要有这些要求？

3. 云锡式摇床床头是什么结构，试分析该床头的工作过程。

4. 简述跳汰机的结构特点和工作原理。

5. 螺旋溜槽有哪些优缺点？

4 重选工艺的实践

本章内容简介

本章主要是以几种典型矿石的生产流程为例，来说明重力选矿的生产工艺。重选流程的一般特点是由多种设备组合，按粒级分选。处理粗细不均匀嵌布矿石采用多段选别。流程内部的粗、精、扫选作业次数与入选矿石品位及对产物质量要求有关。常是将那些处理量大而分选精确性低的设备安排在粗、扫选作业中，而将处理量小、富集比高的设备提供精选使用。由于入选矿石的类型多种多样，所以流程的组合和结构形式亦很不相同。

4.1 锡矿石的选矿

我国锡矿资源极为丰富，产量也居世界前列。锡矿产地主要分布在云南、广西两省，其次为湖南、赣南和广东沿海地区。

锡矿可分为砂锡矿和脉锡矿两大类。我国现有的锡矿储量中，脉锡矿约占 65%。脉锡矿又可分为：(1) 锡石—氧化矿；(2) 锡—钨—石英脉矿；(3) 锡石—硫化矿三种类型。砂锡矿主要是残坡积砂锡矿，其次是冲积砂锡矿。

4.1.1 残坡积砂锡矿和氧化脉锡矿的选矿

云南个旧地区的残坡积砂锡矿和氧化脉锡矿都是原生锡石—硫化矿经氧化而来，两者的物质组成基本相似，选矿原则流程基本相同。

4.1.1.1 原矿分析及原矿流程

原矿多元素分析见表 4-1，粒度分析见表 4-2。

表 4-1 原矿多元素分析 （%）

元素	w_{Sn}	w_{Pb}	w_{Cu}	w_{Zn}	w_{As}	w_{Fe}	w_{Mn}
氧化脉锡矿	0.6 ~ 1.0	0.7 ~ 1.2	0.4 ~ 0.6	0.3 ~ 0.5	1.0 ~ 1.3	28 ~ 32	
残坡积砂锡矿	0.12 ~ 0.34	0.2 ~ 2.0	0.03 ~ 0.3	0.13 ~ 1.0	0.14 ~ 0.45	13 ~ 22	1.5 ~ 5.0

表 4-2 原矿粒度分析

粒度/μm	氧化脉锡矿/%			残坡积砂锡矿/%		
	产率	锡分布率	锡石单体	产率	锡分布率	锡石单体
+74	69 ~ 73	64 ~ 70	20 ~ 45	14 ~ 34	28 ~ 55	11 ~ 12
-74 ~ +10	13 ~ 17	28 ~ 33	80 ~ 90	24 ~ 25	39 ~ 54	45 ~ 86
-10	13 ~ 17	2 ~ 3	>90	42 ~ 61	6 ~ 18	>90

原则流程见图 4 - 1，由原矿制备、矿砂阶段磨选、次精矿集中复洗、矿泥选别四个系统组成，其特点是以重选为主，磁、浮选结合，比较全面地贯彻了洗矿入磨、阶段磨矿、贫富分选、粗细分选、能收早收、能丢早丢的重选原则。选矿产品以精矿为主，并产出锡中矿，贫锡中矿分别送硫化挥发、氯化挥发处理。

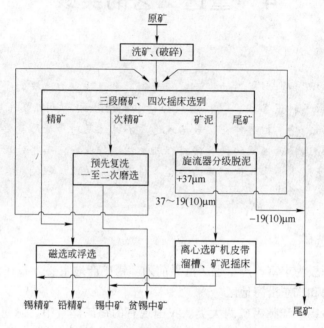

图 4 - 1　云锡残坡积砂锡矿及氧化脉锡矿原则流程

选矿生产指标列于表 4 - 3 和表 4 - 4，氧化脉锡矿回收率最高可达 80% ~ 85%，一般约为 70%；残坡积砂锡矿回收率最高 60% 以上。一般 55% ~ 60%。其中锡中矿回收率 5%；另有贫锡中矿回收率 3% ~ 5% 未计在内。最高粒级回收率为：大于 74μm 的回收率为 80% ~ 90%；74 ~ 37μm 的回收率为 70% ~ 80%；37 ~ 19μm 的回收率为 40% ~ 50%；19 ~ 10μm 的回收率为 20% ~ 30%。90 年代以来残坡积砂锡矿资源逐步消失，原矿品位下降，矿石变杂，回收率有所下降。从经济效益出发，发展联合工艺、简化重选工艺流程、降低水电、原材料消耗取得明显效果。

表 4 - 3　选矿生产指标

矿石类型	品位/%			回收率/%			耗电量 /kW·h·t⁻¹	耗水量 /m³·t⁻¹
	原矿	精矿	富中矿	精矿	富中矿	合计		
氧化脉锡矿	0.5 ~ 0.6	42 ~ 45	4 ~ 5	65 ~ 70	3 ~ 5	69 ~ 73	28 ~ 38	20 ~ 25
残坡积砂锡矿	0.2 ~ 0.3	41 ~ 43	3.5 ~ 4	50 ~ 54	3 ~ 5	54 ~ 57	20 ~ 28	12 ~ 20

表 4 - 4　锡粒级回收率　　　　　　　　　　　　（%）

粒级/μm	+ 74	- 74 ~ + 37	- 37 ~ + 19	- 19 ~ + 10	- 10
氧化脉锡矿	87 ~ 89	80 ~ 83	34 ~ 43	5 ~ 8	1 ~ 2
残坡积砂锡矿	72 ~ 84	67 ~ 85	20 ~ 50	4 ~ 26	1 ~ 2

4.1.1.2 云锡大屯选厂氧化脉锡矿选矿

云锡大屯选厂建于1953年,设计规模1500t/d,分三个系列,60年代又新建矿泥选矿工段。处理矿石以氧化脉锡矿为主。矿石来自老厂及松树脚两个矿山,1992年起只处理松树脚氧化矿及部分老尾矿。原矿含Sn:0.5% ~ 0.6%,Fe:20% ~ 30%,锡石粒度最大1mm。一般为0.2 ~ 0.037mm,0.5mm开始单体解离,大部分与褐铁矿、赤铁矿结合;松树脚脉锡矿含铅较高,以砷酸铅为主,重选只能产出锡铅混合精矿,送冶炼厂直接冶炼。

选矿工艺流程如图4 – 2所示,其特点有:(1)两段碎矿,圆筒洗矿机洗矿入磨。(2)矿砂系统三段磨矿、四次选别。(3)次精矿集中预先复洗一次,中矿再磨再选。(4)矿泥集中用旋流器分级脱泥,细泥离心选矿机粗选、皮带溜槽精选产精矿,悬面六层矿泥摇床扫选产锡中矿。

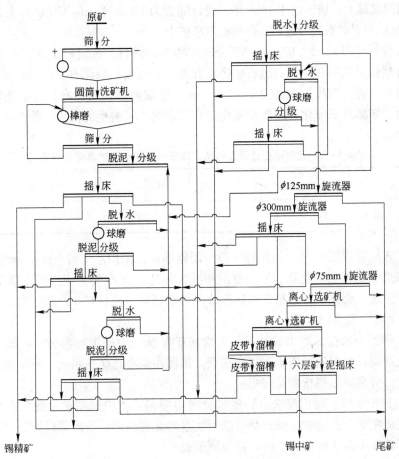

图 4 – 2 云锡大屯选厂氧化矿车间选矿流程

50 ~ 80年代平均生产指标为:锡精矿品位40% ~ 45%,回收率70% ~ 75%,其中老厂脉锡矿的回收率最高可达80%以上,松树脚脉锡矿一般为65% ~ 70%。1992年起只处理松树脚脉锡矿,原矿品位0.5%,精矿锡品位21%(Sn + Pb品位合计大于40%),锡回收率61%;锡中矿锡品位4%,回收率6%,合计回收率67%。其中矿泥系统作业回收率长期稳定在45%~50%之间，对原矿回收率5%~6%，精矿与锡中矿各占一半。吨矿水耗29m³，吨矿电耗38kW·h。

4.1.2 锡石硫化矿选矿

锡石—硫化矿是重要的锡矿床，我国及玻利维亚、俄罗斯、澳大利亚是开采这类矿石的主要生产国，其他如英国、日本、捷克等国也有生产实例。这类矿石伴生的硫化物多，且含量不等的黝锡矿；各种矿物嵌布粒度较细，因此就选锡而言，解离是前提，脱硫是关键，需要多段碎磨、分级和选别，并根据矿石性质分别采用重、磁、浮选不同组合的联合流程，这类矿石常因部分被氧化而变得更为难选。

4.1.2.1 云锡公司硫化矿选矿

云南锡业公司有大屯、个旧、卡房三个选厂的三个车间处理锡石—硫化矿，以大屯选厂硫化矿车间规模最大。该厂建于1965年，设计能力为1500t/d，80年代扩建为2500t/d，实际生产为1800t/d。矿石来自老厂及松树脚两座矿山。

多元素分析见表4-5，矿石中主要金属矿物有：锡石、黄铜矿、黄铁矿、磁黄铁矿、白钨矿、自然铋、铁闪锌矿等；脉石矿物有方解石、石英、绿泥石、辉石、萤石等。有用矿物相互结合，锡石粒度一般为0.2~0.01mm，呈细粒不均匀嵌布，与硫化物及脉石致密共生。由于矿体局部氧化，断层带氧化矿在开采时不可避免的混入，使选矿分离硫化物时带来困难。

表4-5 云南锡业公司大屯选厂锡石—硫化矿原矿多元素分析

元 素	Sn	Cu	WO₃	Bi	Zn	S	Fe
$w/\%$	0.4~0.6	0.4~0.6	0.06~0.09	0.05~0.08	0.5~1.0	8~12	20~25

选矿工艺流程见图4-3。原矿经三段一闭路碎矿，采用浮—重—浮联合流程。

(1) 先磨矿后浮选硫化物，原一直沿用混合浮选，进入90年代为了提高铜精矿品位改为半优选浮选。硫化物粗选精矿经铜硫分离得铜精矿、硫精矿1，硫化物再扫选得硫精矿2，浮选尾矿入重选回收锡。

(2) 矿砂经一段摇床产出锡精矿后，次精矿复洗，中矿再磨再选；矿泥用旋流器分级为粗泥及细泥，粗泥用刻槽矿泥摇床选别，细泥用离心选矿机粗选、皮带溜槽精选、矿泥摇床扫选，分别产出锡精矿及锡中矿。

(3) 重选精矿脱硫后用浮选进行锡钨分离得锡精矿、白钨精矿及锡钨中矿。原矿含铋高时，从硫精矿1及精矿脱硫产品重选回收自然铋贫精矿，送冶炼厂回收铋及锡。含锌高时从硫精矿2中回收锌精矿。生产指标列于表4-6。

4.1.2.2 广西大厂硫化矿选矿

大厂的矿石以锡石—硫化矿为主，主要矿物为锡石、铁闪锌矿、脆硫锑铅矿、黄铁矿、磁黄铁矿、毒砂及少量闪锌矿、方铅矿、黄铜矿、黝锡矿；脉石矿物主要是方解石、石英，围岩主要是石灰石、硅化灰石，其次是黑色硅质页岩。锡石为粗细不均匀嵌布，大到数毫米，一般为0.2~0.02mm，与硫化矿致密共生，各种矿物之间结合致密，磨至0.1~0.2mm才基本单体解离。

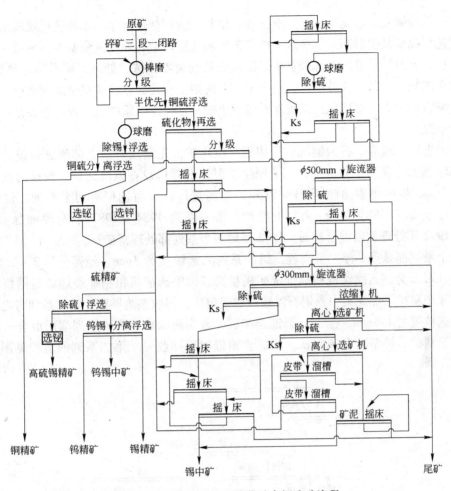

图 4-3 云锡大屯选厂硫化矿车间选矿流程

表 4-6 云南锡业公司大屯选厂硫化矿车间生产指标 （％）

年 份	锡			铜		
	原矿品位	精矿品位	回收率	原矿品位	精矿品位	回收率
1980~1992	0.4~0.5	53~55	60~70	0.4~0.5	11~14	59~78
1993~1995	0.5~0.55	50~52	61~63	0.45~0.55	16~18	60~62

注：1. 钨原矿品位 0.06%~0.08%，精矿品位 65%~70%，回收率 20%~40%；

2. 硫原矿品位 9%~12%，精矿品位 32%，回收率 60%~70%；

3. 吨矿电耗 60~65kW·h，吨矿水耗 20~23m³。

大厂选矿的发展及技术进步主要表现在：

（1）50 年代至 60 年代初逐步实现机械化取代土法选矿，生产能力扩大至 700t/d。

（2）60 年代中期至 70 年代选矿工艺流程技术改造取得三大科技成果：即重介质脱废，矿泥锡石浮选，硫化物混合—优先浮选、完善重—浮—重流程。

（3）80 年代以来新建了车河选厂，推广应用圆锥选矿机、螺旋溜槽、锯齿波跳汰机、高频细筛、射流离心选矿机及粗磨早收台浮工艺等一批新设备、新工艺，进一步改进完善工艺流程，提高技术经济指标。

大厂处理锡石—硫化矿的选厂有三座，以长坡选厂建厂最早，车河选厂规模最大，目前巴里选厂原矿品位最高。三个选厂的工艺流程几经改造，原则流程基本同为重—浮—重联合流程，其差异是处理细脉带贫矿时需重介质旋流器预选，处理富矿时停开预选设备。前段重选的粗选设备，长坡以跳汰机为主，车河则主要是圆锥选矿机及螺旋溜槽；巴里选厂处理特富矿时则先磁选除去磁黄铁矿而形成磁—重—浮—重联合流程，下面是车河选厂的生产概况。

车河选厂处理的矿石为铜坑矿区锡石—硫化矿，先期按开采上部细脉带设计，规模4000t/d。破碎、筛分、重介质预选、原生矿泥锡石浮选设在铜坑选厂。预选的重产品及3～0.074mm 粉矿用索道运至 5km 以外的车河选厂。车河选厂有两个系列，设计能力2200t/d，分别于 1984 年及 1991 年投产。第一系列 1984～1987 年处理细脉贫矿石，1987～1992 年处理贫富混合矿石，1992 年后两个系列都处理富矿石。

两个系列都是重—浮—重流程，第一系列入选粒度为3mm，经筛分后 3～1.5mm 和1.5～0.15mm 分别入跳汰机和圆锥选矿机粗选。圆锥选矿机粗精矿经螺旋溜槽精选后入台浮摇床产精矿。细泥集中入锡石浮选产贫锡精矿，捕收剂为肟酸。第二系列与之不同的是，入选粒度为 1.5mm，全部入圆锥选矿机，省去跳汰机。两个系列都用混合—优先浮选产出铅精矿、锌精矿和硫精矿。富矿含铅低时不回收铅。第二系列的流程见图 4-4，

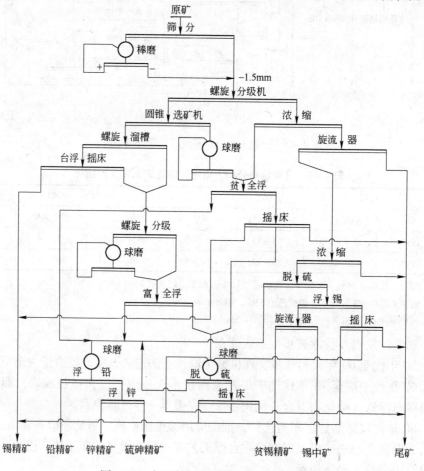

图 4-4 大厂车河选厂第二系列选矿流程

生产指标见表 4－7，吨矿电耗 60～80kW·h，吨矿水耗 20～30m³。

表 4－7 广西大厂矿务局车河选厂生产指标 （％）

系列	矿 石	原 矿 品 位		精 矿 品 位		回 收 率	
		Sn	Zn	Sn	Zn	Sn	Zn
1	贫矿	0.5～0.8	2～2.5	48～50	41～48	60～65	55～65
	贫＋富	0.9～1.2	2.5～3.0	50	43～45	65～70	52～60
	富矿	1.5～1.7	3.2～4.8	50	45	73～75	60～62
2	富矿	0.4～1.6	3.2～4.5	50	43～45	72～74	58～60

4.1.3 锡矿泥重选

4.1.3.1 锡矿泥重选工艺

在锡选矿中，通常称 $-74\mu m$ 的细粒矿石为"矿泥"，矿泥按成因分为原生矿泥和次生矿泥，原生矿泥是矿石开采过程形成并通过对原矿分级得到的矿泥，次生矿泥是原矿在破碎、磨矿等原矿制备中形成的矿泥。矿泥按粒度分为：$74～37\mu m$ 粗泥，$37～19\mu m$ 细泥、$-19\mu m$ 微泥。

锡选矿中，先是处理 $+74\mu m$ 粒级的砂矿，通常采用阶段磨矿阶段选别的工艺流程进行回收锡金属，而各段作业前采用的分泥斗、分级箱及旋流器溢流汇总形成总溢流进入矿泥选别系统。针对目前矿泥系统设备不能有效回收 $-19\mu m$ 微泥的情况，矿泥选别前通常用分级丢出微矿泥。

矿泥具有质量小、比表面积大、表面能高等特点，因此，矿泥在重选过程中，不同比重矿粒之间的速度差小，分层速度慢，分选效率低，故多采用流膜选矿和离心力选矿。

离心选矿机是用离心力场的流膜选矿设备，与溜槽相比，具有处理能力大、回收粒级细、富集比和回收率高的优点，是矿泥有效的粗选设备。云锡传统的离心机因为控制系统问题停用了一段时间，为提高矿泥回收率，近年与云锡研究设计院合作对离心机控制系统进行技术改进，做到了运行可靠，时间、转速易调，动作灵活准确的效果。

皮带溜槽具有逆流运行，连续排矿，矿流薄而均匀，洗涤水补充清洗作用等特点，富集比高，是有效的细泥精选设备。

综述，矿泥重选工艺为：$\phi125mm$ 旋流器分级脱泥，离心机粗选，皮带溜槽精选，再配合云锡高效细泥摇床进行扫选。

4.1.3.2 锡矿泥性质分析

（1）多元素分析（见表 4－8）。

表 4－8 试料多元素定量分析结果

元 素	Sn	Fe	Pb	Mn	Zn	As	S
w/%	0.16	18.62	1.05	3.84	0.197	0.118	0.06

元 素	P	Cu	SiO₂	CaO	Al₂O₃	MgO	
w/%	0.148	0.081	24.45	1.87	19.47	1.72	

（2）粒度分析（见表 4-9）。

表 4-9 粒度分析结果

粒级/mm	粒度分析/%		品位/%	锡金属分布率/%	
	本级	累计		本级	累计
-1.0 ~ +0.6	0.65		0.155	0.20	
-0.6 ~ +0.3	6.54	7.19	0.144	1.94	2.14
-0.3 ~ +0.15	16.34	23.53	0.201	6.76	8.90
-0.15 ~ +0.074	18.3	41.83	0.412	15.55	24.45
-0.074 ~ +0.037	21.18	63.01	1.243	54.28	78.73
-0.037 ~ +0.019	19.87	82.88	0.450	18.44	97.17
-0.019 ~ +0.010	3.92	86.80	0.237	1.92	99.09
-0.010	13.2	100.00	0.033	0.91	100.00
合 计	100		0.485	100.00	

注：样品：原生、次生 ϕ125 旋流器沉砂。

4.1.3.3 工艺流程及生产指标

（1）工艺流程（见图 4-5）。

（2）2007～2009 年矿泥系统生产指标（见表 4-10）。

表 4-10 2007～2009 年矿泥系统生产指标

年份	原矿			精矿			实收率/%	合格精矿含锡/t	合格实收率/%
	干重/t	品位/%	金属量/t	干重/t	品位/%	金属量/t			
2007	313681	0.233	730.562	310.961	9.24	28.729	3.93	23.720	3.25
2008	309761	0.217	672.349	419.542	7.85	32.928	4.90	27.484	4.09
2009	365190	0.217	792.082	377.999	8.35	31.564	3.98	26.276	3.32
合计	1235455	0.223	2752.529	1122.715	8.52	95.701	3.48	79.501	2.89

（3）矿泥系统主要作业测定结果见表 4-11。

表 4-11 矿泥系统主要作业测定结果

作业名称	产品名称	矿量/t	品位/%	含金属/t	实收率/%	
					对作业	对原矿
离心机作业	给矿	25.967	0.283	0.0735	100.00	8.98
	精矿	7.552	0.733	0.0554	75.33	6.77
	尾矿	18.415	0.099	0.0181	24.67	2.23
皮带溜槽作业	给矿	7.552	0.733	0.0554	100.00	6.77
	精矿	0.546	6.87	0.0375	67.74	4.59
	尾矿	7.006	0.255	0.0179	32.26	2.18

（4）主要作业参数。

分别对泥矿系统的旋流器、离心机、皮带溜槽、矿泥床进行测定，其作业参数如下：

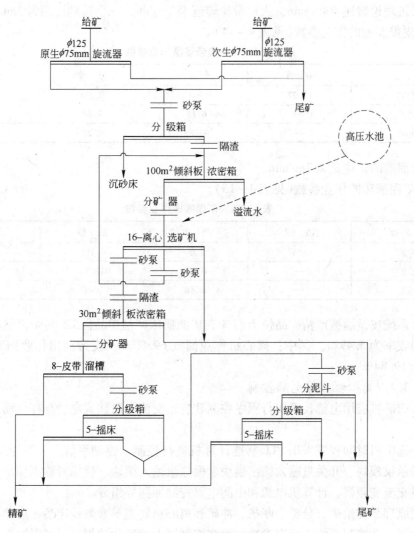

图4-5 锡矿泥重选流程

1）φ125mm 旋流器的作业参数（见表4-12）。

表4-12 φ125mm 旋流器作业参数 （%）

项　目	浓　度	品　位
沉砂	19.44	0.228
溢流	5.54	0.074

2）离心机的作业参数（见表4-13）。

表4-13 离心机作业参数 （%）

作业点	浓　度	产　率	品　位	金属率
给矿	16.44	100	0.211	100
精矿	16.27	20.09	0.734	69.89
尾矿	—	79.91	0.08	30.11

离心机理论转速500r/min，大皮带轮转速483r/min，一个选别周期为3min30s。

3）皮带溜槽的作业参数（见表4-14）。

表4-14 皮带溜槽作业参数 （%）

作 业 点	浓 度	产 率	品 位	金 属 率
给矿	16.27	100	0.734	100
精矿	—	6.15	7.81	65.44
尾矿	—	93.85	0.27	34.56

皮带溜槽的带速是2.7m/min。

4）矿泥摇床的作业参数（见表4-15）。

表4-15 矿泥摇床作业参数 （%）

作 业 点	浓 度	产 率	品 位	金 属 率
给矿	13.37	100	0.199	100
精矿	—	0.32	12.34	19.84
尾矿	—	99.68	0.16	80.16

泥矿系统皮带溜槽产精矿品位7.81%，矿泥摇床产精矿品位12.34%，整个泥矿系统对原矿回收率为5.49%。其中：离心机作业回收69.89%，皮带溜槽作业回收65.44%，矿泥摇床19.84%。

4.1.3.4 离心机程序电脑控制

离心选矿机应用电脑技术实行程序控制和应用交流电磁铁式电动推杆传动技术执行控制指令。

离心选矿机时间程序采用PLC智能计算机进行控制。控制系统由CPV控制模块、数据设定显示仪模块、开关量输入输出模块、模拟量输入模块、模拟量输出模块、信号控制模块以及交流变频器、计算机电源和中间电器控制回路等组成。

控制原理是在给矿、分矿、断矿、冲矿和离心机转速等参数设定后，启动控制系统实行自动控制。在控制系统中所有参数均可在控制屏上设定的数据显示仪对数据进行修改或重新设定。

生产实践表明，控制系统运行稳定，执行机械准确无误，确保离心机在最佳参数下正常工作。

4.1.4 锡粗精矿精选

为了适应矿石性质复杂难选的变化，近年来云锡某选厂氧化矿进行了"锡精矿产品结构调整"，现生产流程一般只产锡品位10%左右的粗精矿。云锡研究设计院对锡粗精矿精选开展了系统的试验研究工作，并提出了浮—重—磁联合的精选工艺，设计建成300t/d精选厂，投入生产运行。

4.1.4.1 粗精矿多元素分析和粒度分析

粗精矿多元素分析结果见表4-16，粒度分析结果见表4-17。从表4-17看出，粗精矿中锡品位11.11%，含铁48.75%，含硫4.18%。在精选作业中，需要采取除硫和除铁措施。

表4-16 浮—重—磁工艺流程试验的粗精矿多元素分析

元 素	Sn	Fe	Pb	Zn	WO$_3$	Cu
w/%	11. 57	48. 10	1. 783	0. 530	0. 074	0. 216
元 素	As	S	SiO$_2$	Al$_2$O$_3$	CaO	MgO
w/%	0. 63	4. 18	1. 42	2. 50	1. 26	0. 50

表4-17 浮—重—磁工艺流程试验的粗精矿粒度分析

粒级/mm	产率/%	品位/%		回收率/%	
		Sn	Fe	Sn	Fe
+0. 3	9. 81	6. 44	54. 98	5. 69	11. 06
-0. 3 ~ +0. 15	14. 79	5. 91	55. 17	7. 87	16. 74
-0. 15 ~ +0. 074	23. 41	7. 97	51. 37	16. 79	24. 66
-0. 074 ~ 0. 037	38. 26	12. 29	47. 04	42. 33	36. 92
-0. 037	13. 73	22. 11	37. 70	27. 32	10. 62
合 计	100. 00	11. 11	48. 75	100. 00	100. 00

4.1.4.2 流程结构及指标

A 浮选作业

锡粗精矿，首先采用浮选除去硫化物，其流程为一粗、一扫、一精选矿工艺（见图4-6）。浮选的硫化物含硫39.90%，除硫率达66.43%，锡损失率仅为0.46%（见表4-18）。扫选尾矿含锡12.40%，锡金属率99.54%，含硫1.678%。

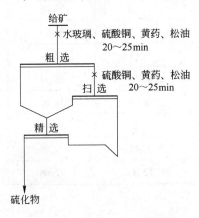

图4-6 浮选作业试验流程图

表4-18 浮选作业试验指标 （%）

产品名称	产率	品 位			回 收 率		
		Sn	Fe	S	Sn	Fe	S
硫化物	7. 68	0. 688	49. 63	39. 90	0. 46	7. 99	66. 43
浮选尾矿	92. 32	12. 40	47. 59	1. 678	99. 54	92. 01	33. 57
给 矿	100	11. 50	47. 75	4. 62	100	100	100

B 一、二段床重选作业

浮选尾矿进入一段床选别，产出锡精矿和次精矿，中矿磨至 −0.1mm 后进入二段床（见图 4−7）。一、二段床选别结果：锡精矿品位 43.58%，锡回收率 70.12%（见表 4−19）。

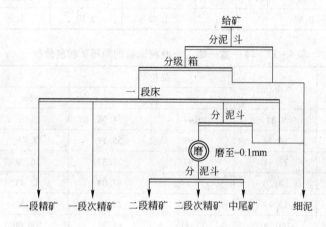

图 4−7 一、二段床重选作业试验流程

表 4−19 一、二段床重选作业试验指标 （%）

产品名称	产 率	品 位		回 收 率	
		Sn	Fe	Sn	Fe
一段精矿	17.44	44.91	21.79	62.49	7.97
二段精矿	2.72	35.14	32.08	7.63	1.83
精矿小计	20.16	43.58	23.18	70.12	9.80
一段次矿	14.42	9.13	52.34	10.51	15.83
二段次矿	11.86	6.97	54.92	6.60	13.66
次矿小计	26.28	8.16	53.50	17.11	29.49
中尾矿	38.94	2.062	55.98	6.41	45.72
细 泥	14.62	5.45	48.89	6.36	14.99
给 矿	100	12.53	47.68	100	100

C 复洗床作业

一、二段床次精矿进入一次复洗作业，中矿磨至 −0.1mm 后进入二次复洗（见图 4−8）。经二次复洗后获得锡精矿品位 28.02%，锡回收率 72.59% 的选别指标（见表 4−20）。

D 磁选作业

二段床和二次复洗床的中尾矿采用磁选除铁，磁性产品含铁达 58.98%，除铁率达 75.82%。非磁产品含锡 4.09%，锡回收率为 52.60%（见表 4−21）。

磁选产品进行磨矿再扫选回收锡，可获得精矿锡品位 42.73%，锡回收率 20.77% 的选矿指标（表 4−22）。

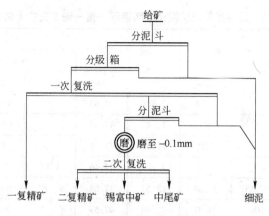

图 4 - 8 复洗床作业试验流程

表 4 - 20 复洗床作业试验指标 (%)

产品名称	产率	品 位		回 收 率	
		Sn	Fe	Sn	Fe
一次复洗精矿	11.82	31.77	39.56	46.02	8.74
二次复洗精矿	9.32	23.26	43.97	26.57	7.66
复洗精矿小计	21.14	28.02	41.50	72.59	16.40
锡富中矿	28.31	3.39	62.63	11.77	33.14
中尾矿	38.47	2.435	57.96	11.48	41.68
细 泥	12.08	2.810	38.88	4.16	8.78
给 矿	100	8.16	53.50	100	100

表 4 - 21 磁选作业试验指标 (%)

产品名称	产率	品 位		回 收 率	
		Sn	Fe	Sn	Fe
磁性产品	72.47	1.399	58.98	47.40	75.82
非磁产品	27.53	4.09	49.51	52.60	24.18
给 矿	100	2.139	56.37	100	100

表 4 - 22 磁性产品磨后扫选作业试验指标 (%)

产品名称	产率	品 位		回 收 率	
		Sn	Fe	Sn	Fe
精 矿	0.68	42.73	27.76	20.77	0.32
富中矿	15.91	2.528	59.24	28.75	15.98
含铁物料	83.41	0.847	59.19	50.48	83.70
给 矿	100	1.399	58.98	100	100

云锡某选厂氧化矿粗精矿，采用浮—重—磁联合工艺进行粗精矿精选，流程见图 4 - 9，其选别指标为：原矿锡品位 11.50%，锡精矿品位 40.24%，锡回收率 82.05%；锡富中矿含锡 4.24%，锡回收率 15.52%；精、富中矿锡回收率合计 97.57%（见表 4 - 23）。

表4-23 云锡某氧化矿粗精矿精选浮—重—磁工艺扩大试验指标 （%）

作业名称	产品名称	产率		品位		回收率			
						Sn		Fe	
		作业	原矿	Sn	Fe	作业	原矿	作业	原矿
浮选	硫化物		7.68	0.688	49.63		0.46		7.99
	浮选尾矿		92.32	12.40	47.59		99.54		92.01
	给矿		100	11.50	47.75		100		100
沉淀	溢流	2.15	1.98	6.49	44.46	1.13	1.12	2.01	1.85
	沉砂	97.85	90.34	12.53	47.68	98.87	98.42	97.99	90.16
	给矿	100	92.32	12.40	47.59	100	99.54	100	92.01
一、二段床重选	一段精矿	17.44	15.75	44.91	21.79	62.49	61.50	7.97	7.19
	二段精矿	2.72	2.46	35.14	32.08	7.63	7.51	1.83	1.65
	精矿小计	20.16	18.21	43.58	23.18	70.12	69.01	9.80	8.84
	一段次矿	14.42	13.03	9.13	52.34	10.51	10.34	15.83	14.27
	二段次矿	11.86	10.71	6.97	54.92	6.60	6.50	13.66	12.32
	次矿小计	26.28	23.74	8.16	53.50	17.11	16.84	29.49	26.59
	中尾矿	38.94	35.18	2.062	55.98	6.41	6.31	45.72	41.22
	泥	14.62	13.21	5.45	48.89	6.36	6.26	14.99	13.51
	给矿	100	90.34	12.53	47.68	100	98.42	100	90.16
复洗	一复精矿	11.82	2.81	31.77	39.56	46.02	7.75	8.74	2.32
	二复精矿	9.32	2.21	23.26	43.97	26.57	4.48	7.66	2.04
	精矿小计	21.14	5.02	28.02	41.50	72.59	12.23	16.40	4.36
	富中矿	28.31	6.72	3.39	62.63	11.77	1.98	33.14	8.81
	中尾矿	38.47	9.13	2.435	57.96	11.48	1.93	41.68	11.08
	泥	12.08	2.87	2.810	38.88	4.16	0.70	8.78	2.34
	给矿	100	23.74	8.16	53.50	100	16.84	100	26.59
磁选	磁性产品	72.47	32.11	1.399	58.98	47.40	3.91	75.82	39.65
	非磁产品	27.53	12.20	4.09	49.51	52.60	4.33	24.18	12.65
	给矿	100	44.31	2.139	56.37	100	8.24	100	52.30
磁性产品磨后扫选	精矿	0.68	0.22	42.73	27.76	20.77	0.81	0.32	0.13
	富中矿	15.91	5.11	2.528	59.24	28.75	1.13	15.98	6.33
	含铁物料	83.41	26.78	0.847	59.19	50.48	1.97	83.70	33.19
	给矿	100	32.11	1.399	58.98	100	3.91	100	39.65
合计	锡精矿		23.45	40.24	27.14		82.05		13.33
	锡富中矿		42.09	4.24	51.61		15.52		45.49
	硫化物		7.68	0.688	49.63		0.46		7.99
	含铁物料		26.78	0.847	59.19		1.97		33.19
	给矿		100	11.50	47.75		100		100

通过试验研究和综合分析，50t/d 设计生产流程见图 4 – 9。

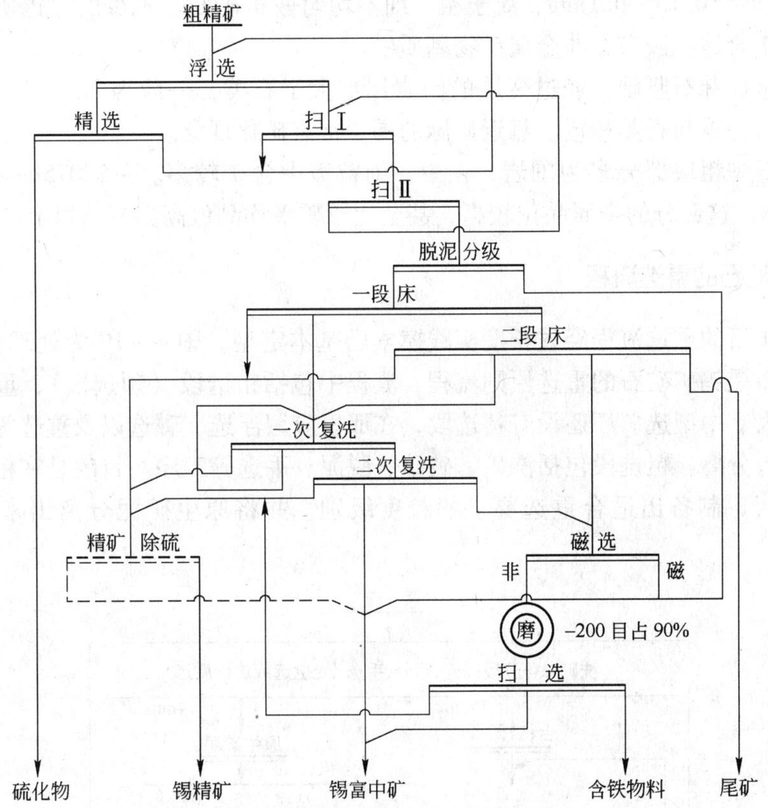

图 4 – 9 氧化矿粗精矿精选 50t/d 试验流程

4.2 处理粗、细不均匀嵌布的钨矿石重选流程

我国钨矿石世界驰名，据统计矿石储量约占世界总储量 60%，产量亦居世界首位。开采历史距今有百余年。新中国成立后经过大规模的技术改造，在选厂规模和工艺技术方面均达到了世界先进水平。

4.2.1 钨矿石的一般性质

具有工业价值的钨矿物为钨锰矿（黑钨矿）和钨酸钙矿（白钨矿）。白钨矿多产于硅卡岩矿床中，以浮选或重—浮联合方法处理。黑钨矿则主要用于重选法处理。我国现处理的钨矿石多属黑钨矿。以高温和高—中温热液裂隙充填石英脉黑钨矿床最具有工业价值。围岩为变质岩或花岗岩。矿脉中赋存的金属矿物除黑钨矿外，还常伴有白钨矿、锡石、辉钼矿、辉铋矿、黄铜矿、磁黄铁矿、毒砂、闪锌矿、方铅矿、磁铁矿等以及由这些矿物氧化的产物。有时还含有其他稀有金属矿物和稀散元素，如独居石、钽铌铁矿、绿柱石、磷铱矿等。矿物组成复杂，按伴生元素的不同又分为高锡矿床和高硫矿床。有的矿床中并含有水晶。金属矿物的总含量很少超过 10%。

脉石矿物主要为石英、长石和云母外，还含有电气石、石榴子石、萤石、磷灰石等。由于脉矿较薄，故在开采过程中经常混有大量围岩，一般可达 50%。

黑钨矿比重达7.2~7.5，矿物呈板状、粒状晶体产于石英脉中。结晶粒度最大达到25~10mm，小者0.15~0.1mm，属于粗、细不均匀嵌布矿石。不少的黑钨矿物与伴生金属矿物组成集合体，嵌布在非金属矿物基质中。

围岩通常比脉石坚硬，经过变质的围岩比重大于石英，一般为2.7~2.9。属于花岗岩类型的围岩比重与石英相近。靠近矿脉的围岩常有矿化现象。

入厂矿石中粗块部分多为围岩，在中、细粒级中含矿较多。-0.075mm级别产率约占3%~10%，这部分的金属品位较高，甚至比原矿平均品位高出一倍以上。

4.2.2 黑钨矿石的重选流程

我国钨矿石的重选流程经过长期实践摸索已基本定型。图4-10为处理石英脉型粗、细不均匀嵌布黑钨矿矿石的重选原则流程。流程中包括粗选段（预选段）、重选段和细泥分选段。在大、中型选矿厂还设有精选段，在那里应用浮选、磁选以及重选等联合方法对混合精矿进行分离。粗选段包括洗矿、破碎、脱泥、手选等工序。目的是在粗粒条件下选出大部分围岩，制备出适合重选要求的粒度级别，并将原生矿泥分离出来，进行单独处理。

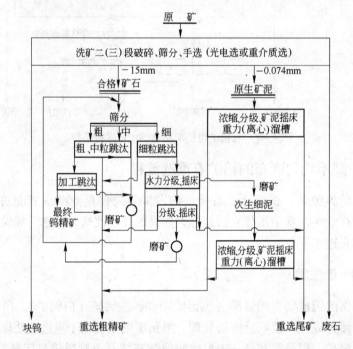

图4-10 石英脉型粗、细不均匀嵌布黑钨矿矿石的重选原则流程图

我国钨矿重选厂的流程基本上相差不多，大致是：三级跳汰、多级床选，粗、中粒跳汰尾矿进行一至二段闭路磨矿，阶段分选。原生矿泥和次生矿泥实行贫富分选或合并处理。根据选厂生产规模的不同，磨矿段数和每段内的流程结构有简有繁，但阶段选别的构成大体不变。图4-11为大吉山选厂的重选流程。这一流程反映了赣南钨矿重选的基本经验。

由粗选段送来的合格矿经过双层振动筛分成8~4.5mm、4.5~1.5mm及-1.5mm三个粒级，分别在不同类型的跳汰机中选别，从而得到筛上精矿、筛下精矿和尾矿。细粒级

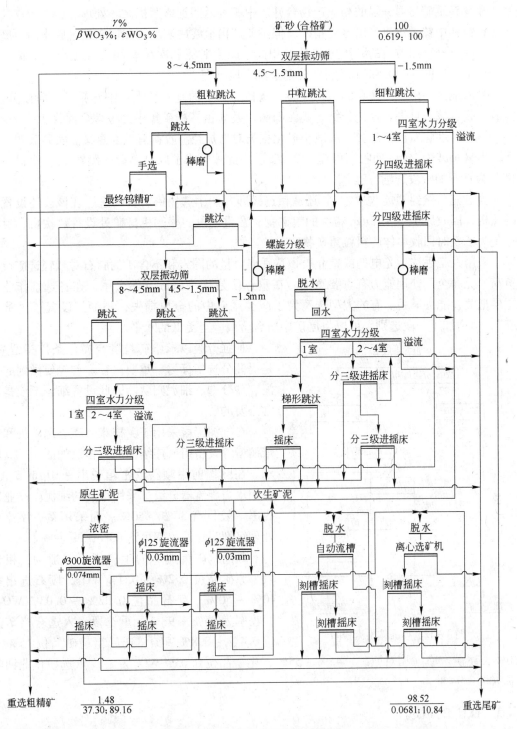

图 4-11 大吉山选厂重选流程图

（-1.5mm）的跳汰尾矿经水力分级得到四个沉砂产物和溢流。溢流送矿泥工段，沉砂则分别送到摇床选别。由摇床选出最终粗精矿、中矿和最终尾矿。中矿送扫选摇床再选。再选中矿经螺旋分级机脱水后给到棒磨机再磨，磨后送二段摇床分选。第二段摇床产出的粗精矿和废弃尾矿与第一段的相应产物合并。中矿则返回到棒磨机循环处理。

粗粒和中粒跳汰机产出最终精矿，但不能产出最终尾矿。跳汰尾矿经过脱水后再磨再选。流程与处理细粒级的跳汰尾矿基本相同。原生矿泥和次生矿泥（在破碎、磨矿、分级过程中产出的 $-0.075mm$ 级别）分别送细泥段处理。

赣南地区钨矿总结多年的生产经验，概括成如下的基本特点：细碎粗磨、阶段分选、能收早收、该丢早丢、强化分级、矿泥归队，毛（粗）精矿集中处理综合回收。

黑钨矿性脆而价格昂贵，故减小矿化损失对增加经济收益有重要意义。实践表明，细泥产出量每减少 1%，回收率可提高 0.2%。因此才形成了以"破碎—跳汰"、"磨矿—摇床"为骨干的阶段选别流程。

为了充分做到"能收早收"，还从粗选段即开始手选块钨。有的选厂在该段还设置了跳汰机，回收原矿中 $-15mm$ 粒级的钨矿物。在重选段的棒磨机排矿处设置跳汰机，目的也是为了及时回收单体的粗粒重矿物。

采用人工手选、光电选或重介质预选丢弃大量的围岩和不含矿的脉石对减轻选矿设备负荷、提高全厂处理能力有重要意义。在重选段是从 $-2mm$ 开始丢尾，在各选别作业中层层把关、能丢早丢。有的大型选厂为了减少尾矿中的金属损失，还专门设置了"贫系统"，即增加了一段选别，可以将尾矿中所含金属降至更低的水平。

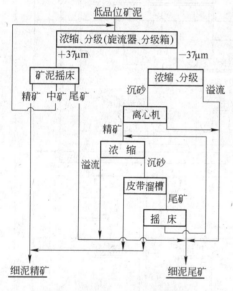

图 4-12 矿泥选别流程图

加强分级以求给矿粒度与操作条件相适应，是提高分选指标另一重要途径。首先要做到的是泥、砂分选、细泥归队。因此设置细泥工段是非常必要的。

在细泥工段采用矿泥摇床、离心选矿机和皮带溜槽等设备组成连续生产流程，如图 4-12 所示。在分选前用倾斜浓密箱脱出 $-10\mu m$ 矿泥，并用水力旋流器分级。采用重选的细泥段作业回收率一般只有 30%～50%。而采用重—浮流程处理钨细泥，回收率可达 60% 或更多些。

赣南钨矿重选厂的生产指标一般为：粗选段，原矿品位 0.2%～0.4% WO_3，废石选出率 40%～50%，废石品位 0.02%～0.03% WO_3，回收率为 95%～98%。重选段，入选合格矿品位 0.4%～0.8% WO_3，选后粗精矿品位 15%～30%，尾矿产率（相对原矿）45%～55%，尾矿品位 0.05% WO_3 左右。重选段作业回收率 90%～94%。

4.3 钛矿的重选

钛矿物主要有钛铁矿（$FeTiO_3$，密度 4500～5500kg/m³）和金红石（TiO_2，密度 4100～5200kg/m³），其最主要用途是制造钛白粉颜料，其次是生产焊条皮料和海绵钛。中国的钛铁矿资源丰富，金红石资源较少。

攀枝花钒钛磁铁矿位于四川省攀枝花市，是世界上最大的伴生钛矿，TiO_2 储量 5 亿多吨。现属攀钢公司，是我国铁矿主产地之一。该矿于 1970 年投产，选矿厂用磁选法选出铁精矿供攀钢。1979 年建成选钛厂，从磁选铁尾矿中分选钛铁矿，生产流程为螺旋溜槽重选—浮选脱硫—磁选除铁—干燥分级—电选。生产中可获得含 TiO_2 47% 的钛铁矿精矿，选钛总回收率约 20%。该厂"九五"期间建成年产 40 万吨能力，其提高产量和回收率的潜力还很大。

金红石主要产于海滨砂矿床。这类矿床是由靠近岸边的原生矿床，或由河流带下的碎屑经潮汐作用富集而成。产出的矿物颗粒圆度较大，且含泥质物很少。但砂层下面则存在砾石堆积，位于海岸线以上的海成砂矿还常有泥土混杂。海滨砂矿是获得钛、锆、铌、钽以及稀土元素的重要来源。世界上大部分锆英石是产自海滨砂矿。我国的海成砂矿资源重要赋存于海南岛东海岸、广西北部湾以及广东省东海岸，另外在山东半岛、渤海湾也有少量贫矿分布。

北海选厂位于广西北海市，主要处理收购的内陆钛铁矿砂矿粗精矿和海滨金红石砂矿精矿。生产流程为磁选—电选—重选—磁电选，经精选后，钛铁矿精矿品位可达 TiO_2 53%，金红石精矿品位可达 TiO_2 58%。

乌场钛铁矿位于海南省，是我国海滨钛砂的主产地，有用矿物主要是钛铁矿、金红石和锆英石，采用移动式采选联合装置生产，圆锥选矿机粗选，螺旋溜槽精选获粗精矿，再集中送精选厂用重—磁—电—浮联合流程分离出钛铁矿精矿、金红石精矿。

4.4 稀土砂矿的重选

稀土金属是指镧系 15 个元素和钇的总称。目前，冶金、石化、荧光粉和永磁体是稀土消费的四大热点。稀土高温超导材料正向实用化迈进。我国稀土储量占世界总量的 80% 以上，有"稀土王国"之称。

广东南山海稀土矿石产自北部湾的海成砂矿床。砂矿中所含金属矿物主要有独居石、磷钇矿、锆英石、金红石、白钛矿、钛铁矿及锡石等，脉石矿物有石英、长石、云母、电气石等。原矿中大于 0.15mm 的颗粒占 78%，但稀土金属矿物则主要分布在小于 0.15mm 粒级中。除磷钇矿粒度稍粗外，大部分有用矿物赋存在 0.125 ~ 0.06mm 粒度范围内。它们的赋存状态分散，除较多部分形成结晶颗粒外，还有不少的 ReO（稀土氧化物）、ZrO_2、Ti 是以细小包裹体或类质同象、离子吸附等形式分散于脉石矿物中。采用可移动式组合螺旋溜槽流程，目的在于节能和便于搬迁，重选粗精矿中含独居石、磷钇矿、锆英石、金红石和钛铁矿，将其送往精选车间。精选工艺包括重选、磁选、电选、浮选等方法，可分出独立的精矿。

4.5 稀散金属矿的重选

稀散金属主要是指锂、铍、钽、铌、锆、铪、锗、镓、铟、铼、铊，主要用于军事、电子、电力、冶金、机械、化工等高技术领域。存在独立矿床的有前六种金属，其余主要以伴生元素形式存在于其他种矿床中，需综合回收。

江西省宜春钽铌矿是我国最大的钽矿床，矿床类型为含铌钽铁矿的锂云母化、钠长石化花岗岩矿床。脉石主要是长石、石英。选厂规模为 1500t/d，生产流程为重选—浮选—重选，分别获得钽铌精矿、锂云母精矿、长石粉（玻璃原料）三种产品。钽铌重选系采用旋转螺旋溜槽—摇床；锂云母浮选采用混合胺作捕收剂，长石粉重选系将浮选尾矿用螺旋分级机脱泥即得。钽铌生产指标为：原矿品位（TaNb）$_2$O$_5$ 0.373%，精矿品位51.13%，回收率56.13%。

可可托海矿位于新疆阿勒泰地区富蕴县，其三号矿脉曾是世界上最大的花岗伟晶岩矿床，富产锂、铍、钽、铌、钯、铷、锆、铪等20余种稀有金属，矿脉长2250m，宽1500m，厚20~60m，规模巨大，品位高，矿物种类多，著称于国际地质界。可可托海选矿厂于1976年投产，规模750t/d。其中铍系列400t/d，用重选—浮选法选出钽铌粗精矿和绿柱石（铍）精矿，铍选别指标：原矿BeO约0.1%，绿柱石精矿含BeO 7.35%，回收率60%。锂系列250t/d，用重选—浮选生产锂辉石精矿，精矿Li$_2$O 6%，回收率86.50%。钽铌系列100t/d，用重—磁—浮流程产出钽铌精矿，精矿品位（TaNb）$_2$O$_5$ 50%~60%，回收率62%。

4.6 含金冲积砂矿的重选

金、银、铂等贵金属主要用于国际货币、首饰、摄影感光胶片、电工触点材料、电子元件、化工催化剂等行业。我国黄金资源丰富，保有储量居世界第四。改革开放以来，中国黄金储量逐年增长。1994年为90t，2003年突破200t，2005年又跃上新台阶，达到224t。

金在地壳中的含量很少，克拉克值仅为$5×10^{-7}$%。金的化学性质非常稳定，在自然界中金的最主要产物就是自然金（Au，密度17500~18000kg/m^3），除产在脉矿床之外，砂矿亦是金的重要来源。

单一金矿的选矿常用重选、混汞、浮选、化学选矿（氰化）等方法。我国著名金矿有黑龙江黑河金矿、山东招远金矿、河南秦岭金矿、新疆哈图金矿等。砂金选矿以重选为主，其中冲积砂金以采金船为主，陆地砂金以溜槽和洗选机组为主。岩脉金选矿常用浮选—精矿氰化法、全泥氰化法、堆浸氰化法等，在泥质含金氧化矿中常用氰化炭浆法。

在砂矿床中，金粒多呈粒状、鳞片状以游离状态存在。粒径通常为0.5~2mm，极少数情况也可遇到重达数十克的，并也有极细微的肉眼难以辨认的金粒。金的密度比一般脉石矿物的密度大得多，故砂金的粗选均采用重选法。

砂金矿中含金量均很低，一般达到0.2~0.3g/m^{3}即可开采。包括密度大于4000kg/m^{3}的重矿物在内，重砂矿物量通常只有1~3kg/m^3，精矿产率很小，一般为0.1%~0.01%，因而富集比很高。砂金矿中脉石的最大粒度与金粒比较相差极大，甚至达到千余倍，但在筛除不含矿的砾石后，仍可不分级入选。

我国的砂金选矿历史悠久。目前的采选方法以采金船为主，占到砂金总开采量的70%以上，其次还有水枪开采和挖掘机开采，个别情况采用井下开采。采金船均为平地船，上面装备有挖掘机构，分选设备和尾矿排送装置。典型的采金船结构示意图见图4-13。

采金船可漂浮在天然水上面，亦可置于人工挖掘的水池中。生产时一面扩大前面的挖掘场，一面将选出的尾矿填在船尾的采空区。根据船上控制机构造的不同，采金船可分为链斗式、绞吸式、机械铲斗式和抓斗式4种，其中以链斗式应用最多，链斗由装配在链条上的一系列挖斗构成，借链条的回转将水下面的矿砂挖出，并给到船上的筛分设备中。

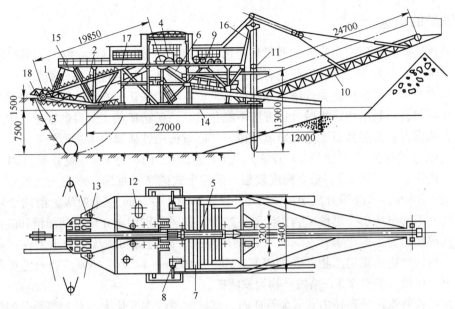

图 4 - 13 采金船结构示意图（尺寸单位：mm）

1—挖斗链；2—斗架；3—下滚筒；4—主传动装置；5—圆筒筛；6—受矿漏斗；7—溜槽；8—水泵；

9—卷扬机；10—皮带运输机；11—锚柱；12—变压器；13—甲板滑轮；14—平底船；

15—前桅杆；16—后桅杆；17—主桁架；18—人行桥

链斗式采金船的规格以一个挖斗的容积表示，在 50~600L 之间。小于 100L 的为小型采金船，100~250L 的为中型采金船，大于 250L 的为大型采金船。船上的选矿设备主要是粗选用重选和筛分机械，常用者有圆筒筛、矿浆分配器、粗粒溜槽、跳汰机、摇床等。在少数船上还配有铺面溜槽和混汞桶。选矿流程的选择与采金船的生产能力和矿砂性质有关。

4.7 铝土矿的重选

世界铝的产量仅次于钢铁，是消费量最大的有色金属，广泛用于电力、建筑、交通、包装等工业领域。铝土矿是生产氧化铝进而生产金属铝的原料。我国铝土矿资源量居世界中等水平，但一水硬铝石（$Al_2O_3 \cdot H_2O$，密度 3000~3500kg/m^3）型矿石占全国总储量的 98% 以上，这类矿石加工难度大，能耗高。

平果铝业公司位于广西平果县，矿床类型属岩溶风化堆积型铝土矿床，矿石属中铝低硅高铁型。1996 年一期选矿厂（186 万吨/年，年产洗精矿 65 万吨）建成投产。原矿平均铝硅比（A/S）为 9.62，主要构成矿物比例为一水硬铝石 60.9%、三水铝石 1%、高岭土 9.5%、绿泥石 4.2%、针铁矿 16.8%、赤铁矿 4%、水针铁矿 1%。原矿中 +1mm 粒级占 45% 以上，-0.075mm 细泥占 50% 左右，且黏土矿物主要分布在泥矿中。据此选矿厂采用洗矿流程处理原矿，即原矿先入圆筒洗矿机，矿砂部分经筛分，+3mm 经槽式洗矿机复选，粗砂破碎复洗，-3mm 经浓泥斗脱泥，底砂入小槽式洗矿机复选，最终获铝土矿洗精矿产率 51.5%，含 Al_2O_3 63.49%，A/S 19.37。洗矿矿泥则经浓密机浓密后送尾矿库。

4.8　铁矿的重选

强磁性铁矿石采用简单有效的弱磁场磁选设备即可分选。弱磁性铁矿石则采用强磁、浮选、重选等联合方法分选；以往也有用磁化焙烧弱磁选，但因能耗高而受限。

河北省龙烟铁矿处理宣龙式鲕状赤铁矿石，矿石中赤铁矿与石英、黏土致密共生，成为同心环状包裹鲕状结构，机械分选方法不能分离。该矿选矿的主要目的在于分出采矿过程中混入的围岩和夹层脉石，恢复地质品位。江苏省梅山铁矿属夕卡岩型铁矿床，矿石中铁矿物主要有磁铁矿（矿物量 27.77%）、假象赤铁矿（16.79%）、菱铁矿（21.84%）和少量的黄铁矿（4.79%），嵌布粒度较粗。采用干式磁选—重选—浮选工艺流程。原矿经中碎至 −70mm，水洗筛分成 70 ~ 12mm，12 ~ 2mm，−2mm 三个粒级。前两个粒级分别用干式弱磁选机选出强磁性矿物作为磁性产物，磁尾分别用重介质振动溜槽和跳汰机选出弱磁性矿物作为重选产物；−2mm 粒级则用湿式弱磁选机和跳汰机分出磁性产物和重选产物。磁性产物和重选产物并经细碎磨矿至 −0.075mm 粒级占 46%，加入乙黄药和松醇油反浮选脱硫（黄铁矿），槽内产物为铁精矿。

鞍钢弓长岭铁矿处理鞍山式假象铁矿石，其矿物磁性率变化大，有相当部分的强磁性假象赤铁矿和弱磁性赤铁矿，且矿石嵌布微细。选矿生产采用阶段磨矿、强磁—弱磁—重选联合流程。原矿粗磨至 −0.075mm 占 50% ~ 55%，送中强磁场磁选机选别可抛弃产率近 30% 的最终尾矿。强磁精矿送水力旋流器和细筛分级。筛下产物送螺旋溜槽选别，选出产率约为 20% 的最终精矿。筛上产物及螺旋溜槽中矿送二段细磨，其排矿返回到一段磨矿分级溢流构成闭路。水力旋流器溢流与螺旋溜槽尾矿合并，经浓缩后送弱磁选机和离心选矿机处理最终精矿。该流程适应了矿石细粒不均匀嵌布特点，在粗磨条件下即先得出部分最终精矿和最终尾矿，就有一半矿石送二段细磨，在获得良好指标的同时又降低了能耗。生产中获铁精矿品位 64.8%，回收率 78%。

4.9　锰矿的重选

世界上生产的锰（包括锰铁、硅锰、金属锰、优质锰矿石）大约 90% 用于炼钢工业。其余部分则用于轻工业如干电池等，以及化工、农业等方面。主要的锰工业矿物有软锰矿（MnO_2，密度 4300 ~ 5000kg/m³）、硬锰矿（$mMnO \cdot MnO_2$，密度 4900 ~ 5200kg/m³）、菱锰矿（$MnCO_3$，密度 3300 ~ 3700kg/m³）。此外，大洋深处还分布有大量多金属锰结核。

我国的氧化锰矿多为次生锰帽型、风华淋滤型和堆积型矿床。这类矿石以往只采用简单的洗矿法处理，随着新技术和设备的发展，现主要用洗矿—重选流程、洗矿—强磁流程或洗矿—重选—强磁流程。

广西大新锰矿是我国最大的碳酸锰矿床之一，其上部为风化锰帽型氧化锰矿石。采用洗矿—重选—磁选工艺流程。原矿经洗矿和跳汰重选后，5 ~ 0.8mm 采用 CS − 2 型强磁选机分选，−0.8mm 采用 SHP − 1000 型强磁选机分选，获电池锰及冶金锰产品。

福建连城锰矿兰桥选厂处理风化淋滤型氧化锰矿床，采用洗矿—手选—跳汰—强磁流程。原矿经强化洗矿后，75 ~ 30mm 粒级经手选获得一部分优质块精矿；30 ~ 3mm 粒级采用 AM − 30 型粗粒跳汰机处理；跳汰尾矿及 −3mm 粒级经棒磨至 −1mm 后，采用 SHP − 1000 型强磁选机分选。综合生产指标为原矿含锰 20.60%，精矿品位 41.53%，回收率82.03%。

国外对简单的氧化锰矿石，仍以洗矿、重选为主。南非戈帕尼锰矿采用水力旋流器脱泥和螺旋洗矿机分选流程，从含 MnO_2 20%的细粒尾矿中，回收到含 MnO_2 40%的精矿。加蓬用摇床加工电池及锰矿石，其精矿含 MnO_2 83%~85%。此外，国外锰矿普遍采用重介质选矿作为预选方法。澳大利亚格鲁特岛锰矿（16000t/d）采用维姆科鼓型重介质分选机处理 75~10mm 氧化锰块矿，重介质旋流器处理 10~0.5mm 粒级粉矿，以硅铁作重介质，分选密度达 3600kg/m³。巴西的塞腊·多纳维奥锰矿采用两台直径 φ400mm 的狄纳漩涡旋流器（80t/（台·h））处理 6~0.8mm 的粉矿，以硅铁作加重质，分选密度 2800~3200kg/m³。

 复习与思考题

1. 云锡氧化脉锡矿流程结构及特点是什么？
2. 云锡锡石硫化矿流程结构及特点是什么？
3. 锡粗精矿精选流程结构及特点是什么？
4. 叙述弓长岭选厂磁—重联合流程结构。
5. 砂金重选特点。

5 重力选矿试验实例

本章内容简介

　　本章主要以云锡某锡矿石试验研究为例，介绍重力选矿试验的工作程序和主要内容。

5.1 概述

　　选矿试验在选厂工艺设计及选矿技术管理中，是一项不可缺少的环节，矿石可选性报告是选矿厂设计确定选矿方法、工艺、流程、设备、主要作业、工艺条件、产品结构、选别指标（如精矿品位、回收率等）的主要技术依据；而专题性的选矿试验研究是已经投产的选矿厂完善工艺流程，采用新设备、新材料、改进工艺参数、提高选矿质量、效率、指标，降低消耗等方面不可缺少的技术手段。

　　矿石可选性试验研究的目的，是为了使国家的矿产资源得到最充分、最有效地利用。通过矿石可选性试验研究，要能推荐出技术上比较先进、经济上比较合理的选矿方法和工艺流程，确定可能达到的选别指标，提出有关工艺操作制度的具体建议等。

5.2 试验程序

　　矿石可选性试验研究工作的程序一般可归纳如下：

　　(1) 浏览和分析有关选别该类型矿石的文献资料。

　　(2) 在矿石产地或选矿厂中进行取样。

　　(3) 在实验室内加工试样，准备好作为研究用的一种或几种试样。

　　(4) 研究试样的物质组成及物理化学性质。主要内容包括：光谱分析、多元素分析、物相分析、矿物分析（包含物质组成及其含量、有用矿物的赋存状态、有用矿物的结晶粒度、有用矿物的单体解离及结合情况分析等）、粒度分析和有关物理化学性质的测定（如：块度、密度、堆密度、硬度、脆性、磁性、电性、氧化程度、含泥量、安息角、酸碱度等）。

　　(5) 选别条件试验研究。根据试样的物质组成及物理化学性质研究结果，选择一种或几种选别条件，并按所选定的选别条件进行试验研究。

　　(6) 工艺流程试验研究。根据选别条件试验研究结果，确定最适宜的选别条件和选别工艺流程，并按所选定的条件和工艺流程进行试验研究。

　　(7) 根据试验研究要求，确定试验研究深度，如：小型试验、半工业试验、工业性试验。

　　(8) 整理数据和编写报告。

5.3 试验案例

以云锡某锡矿试验研究为例进行选矿试验案例分析。

5.3.1 试料制备

试料按图 5 – 1 所示进行破碎、筛分、缩分制备出分析样、试验样和存样，以备分析和试验之用。

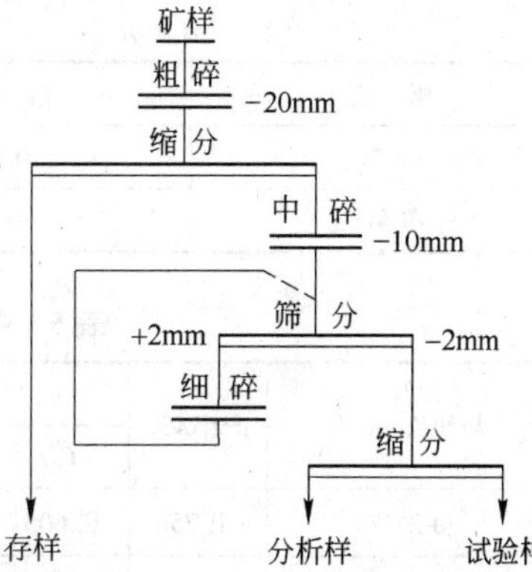

5.3.2 原矿性质分析

5.3.2.1 化学分析

A 光谱分析

迅速而全面的查明矿石中所含元素的种类及大致含量范围，不至于遗漏某些稀有、稀散和微量元素（见表 5 – 1）。

图 5 – 1 试料加工流程图

表 5 – 1 矿石中元素种类及含量

元　素	As	Al	Ag	Be	Cu	Ca	Fe
w/%	0.03	>1	0.003	0.001	0.5	>1	>1
元　素	Mn	Mg	Ni	Pb	Si	Sn	Zn
w/%	0.3	>1	0.05	>1	>1	0.5	>1

B 多元素分析

准确的定量分析矿石中各元素的含量，据此决定哪几种元素在选矿工艺中必须考虑回收，哪几种元素为有害杂质，需将其分离。因此化学元素分析是了解选别对象的一项很重要的工作。

通过多元素分析，原矿含锡 0.913%，是选矿回收的主要对象。原矿含铜 0.471% 可综合回收。杂质组分主要是 S、As、Fe、SiO_2、Al_2O_3、CaO、MgO 等。分析结果见表 5 – 2。

表 5 – 2 试料多元素分析

元　素	Sn	Cu	As	S	Fe	Pb	Zn	Bi	WO_3
w/%	0.913	0.471	0.66	5.30	16.45	0.028	0.31	0.025	0.097
元　素	MnO	F	P	CaO	MgO	SiO_2	Al_2O_3	Au	Ag
w/%	0.32	1.26	0.148	14.60	7.09	35.67	4.75	<0.2g/t	10.5g/t

C 物相分析

测出试样中某种有用元素呈何种矿物存在和含量多少，据此判断是否能用常规的选矿方法加以回收。

矿样中锡品位 0.913%，为了进一步查清锡的赋存状态，对原矿进行了锡的化学物相分析。分析结果见表 5 – 3。

从物相分析中看出，矿石中锡主要以锡石锡形式存在，其分布率为 90.91%。

D 原矿粒度分析

原矿粒度分析是在原矿破碎至 −2mm 时进行的，其结果见表 5 – 4。

表 5 - 3　试料锡相分析

相 态	酸溶锡	锡 石 锡	合 计
$w/\%$	0.083	0.83	0.913
分布率/%	9.09	90.91	100

表 5 - 4　原矿破碎至 -2mm 时粒度分析

粒级/mm	产率/%	品位/%				金属分布率/%			
		Cu	Sn	S	Fe	Cu	Sn	S	Fe
+2	1.75	0.605	0.48	5.73	14.47	2.10	1.24	1.54	1.78
-2 ~ +1	27.35	0.469	0.69	5.68	14.70	25.42	27.77	23.93	26.45
-1 ~ +0.6	20.92	0.499	0.64	6.11	14.80	20.68	19.70	16.69	20.37
-0.6 ~ +0.3	14.20	0.485	0.72	7.77	16.90	13.64	15.04	17.00	15.79
-0.3 ~ +0.15	4.62	0.550	0.82	9.21	18.72	5.03	5.57	6.56	5.69
-0.15 ~ +0.074	7.68	0.490	0.69	7.99	16.98	7.45	7.80	9.44	8.58
水析 0.074	8.51	0.514	0.90	12.01	21.26	8.66	11.27	15.75	11.90
-水析 0.074 ~ +0.037	6.46	0.491	0.50	2.50	8.94	6.28	4.75	2.49	3.80
-0.037 ~ +0.019	3.79	0.599	0.50	2.42	8.65	4.50	2.79	1.41	2.16
-0.019 ~ +0.010	1.60	0.698	0.64	2.86	9.92	2.21	1.51	0.71	1.04
-0.010 ~ +0.005	0.54	0.850	0.94	3.91	11.92	0.91	0.75	0.33	0.42
-0.005	2.58	0.601	0.48	2.90	11.88	3.12	1.81	1.15	2.02
合 计	100	0.50	0.68	6.49	15.20	100	100	100	100

5.3.2.2　矿物分析

确切查明有益元素和有害元素存在于什么矿物中，查清矿石中矿物的种类、含量、嵌布粒度特性和嵌镶关系，测定选矿产品中有用矿物单体解离度（见表 5 - 5）。

A　矿物组成及其含量分析

表 5 - 5　试料矿物组成及其含量分析

矿物名称	目的矿物		主要金属矿物				主要脉石矿物		
	锡石①	黄铜矿	黄铁矿白铁矿	磁黄铁矿	毒砂	赤褐铁矿	磁铁矿	辉石、符山石	石英、长石	绿泥石
$w/\%$	0.706	0.902	3.222	11.50	1.801	2.281	1.449	48.246	10.033	6.208

①为镜下可见锡石，被其他矿物包裹的细粒锡石不在其中。

表 5 - 5 看出：试料中铁矿物主要是硫化铁，即磁黄铁矿和黄铁矿，拟用浮选除硫并综合回收铜。试料中的脉石矿物主要是辉石、符山石和石英。

B　锡在主要矿物中的金属分布

锡在主要矿物中的金属分布，在 0.15mm 和 0.074mm 两个级别中，显微镜下挑选比较纯净的金属矿物磁黄铁矿、毒砂和脉石矿物进行单矿物化学分析。其结果见表 5 - 6。

表 5 - 6　锡在主要矿物中的分布　　　　　　　　　　（%）

矿物名称	产　率	品　位	分布率
锡　石	0.747	74.74	80.60
磁黄铁矿	11.50	0.11	1.833
毒　砂	1.801	0.266	0.694
综合脉石	72.508	0.12	12.608
其　他	8.574	0.042（计算）	0.519
+2.00mm	1.75	0.48	1.217
+0.005mm	0.54	0.94	0.735
-0.005mm	2.58	0.48	1.794
合　计	100	0.690	100

表 5 - 6 看出：试料中可见的锡石锡分布率为 80.60%，与锡相中的锡石锡相比低了 10 个百分点左右。通过镜下对综合脉石、磁黄铁矿等矿物的观察分析，锡石呈细粒、微细粒形态嵌布于这些矿物中。

C　锡石单体解离度及结合情况分析

锡石单体解离度及结合情况分析见表 5 - 7。

表 5 - 7　试料锡石单体解离度及结合情况分析

结合情况		金属率/% 项目	粒度/mm 0.3	0.15	0.074	水析 0.074	0.037	0.019	0.010	-0.010	合计
单体及 >4/5		本级	24.69	56.23	68.35	83.24	91.00	95.29	98.11		
		总样	3.36	10.67	17.87	19.85	5.11	5.38	4.44		66.68
结合体	4/5 ~ 1/2	本级	5.81	3.26	2.52	1.03	1.21	0.83	0.11		
		总样	0.55	0.62	0.66	0.24	0.07	0.04	0.01		2.19
	1/2 ~ 1/4	本级	6.65	4.84	3.64	1.11	1.89	0.21	0.23	未鉴定	
		总样	0.87	0.92	0.95	0.26	0.11	0.01	0.01		3.13
	<1/4	本级	8.40	5.67	4.83	2.38	1.67	0.38			
		总样	0.99	1.08	1.26	0.57	0.09	0.02			4.01
小　计		本级	45.55	70.00	79.34	87.76	95.77	96.71	98.45		
		总样	5.77	13.29	20.74	20.92	5.38	5.45	4.46		76.01
包裹体、微细粒 锡石及其他锡		本级	54.45	30.00	20.66	12.24	4.23	3.29	1.55		
		总样	6.33	5.68	5.40	2.93	0.24	0.20	0.07		20.85
-0.010mm			未　鉴　定								3.14
合　计		本级	100	100	100	100	100	100	100		
		总样	12.12	18.97	26.14	23.85	5.62	5.65	4.53	3.14	100

注：-200 目占 45%。

上述分析表明：当磨后原矿 -200 目占 45% 时，单体解离率为 66.68%，结合体为 9.33%，包裹体、微细粒锡石等占 23.99%。当磨后原矿 -200 目占 63% 时，单体解离率为 73.162%，结合体为 8.665%，包裹体、微细粒锡石等占 18.173%。锡石与相关矿物的结合及包裹状况，需要用透光显微镜和扫描电镜作进一步分析，其结果见表 5 -8。

表 5 -8　试料锡石单体解离度及结合情况分析

结合情况	项目	金属率/%	+0.3	0.15	0.074	水析 0.074	0.037	0.019	0.010	-0.010	合计
单体及 >4/5		本级	25.35	60.01	76.41	82.76	88.06	94.61	96.97		
		总样	1.067	6.871	17.651	30.994	7.776	5.894	2.909		73.162
结合体	4/5~1/2	本级	8.85	13.34	7.62	4.00	3.10	1.89	1.35		
		总样	0.373	1.527	1.760	1.498	0.300	0.118	0.041		5.617
	1/2~1/4	本级	3.05	1.56	0.44	4.36	1.65	1.44	0.81	未 鉴 定	
		总样	0.128	0.179	0.102	1.633	0.146	0.089	0.024		2.301
	<1/4	本级	0.62	0.52	0.13	1.32	0.96	0.59	0.54		
		总样	0.026	0.059	0.030	0.494	0.085	0.037	0.016		0.747
小 计		本级	37.87	75.43	84.60	92.44	94.07	98.57	99.67		
		总样	1.594	8.636	19.543	34.619	8.307	6.138	2.99		81.827
包裹体、微细粒锡石及其他锡		本级	62.13	24.57	15.40	7.56	5.93	1.47	0.33		
		总样	2.616	2.814	3.557	2.831	0.523	0.092	0.01		12.443
-0.010mm			未　鉴　定								5.73
合 计		本级	100	100	100	100	100	100	100		
		总样	4.21	11.45	23.10	37.45	8.83	6.23	3.00	5.73	100

注：-200 目占 63%。

5.3.2.3　矿石的有关物理参数测定

矿石的理化性质及其他性质研究：主要有密度、磁性、电性、形状、颜色、光泽、发光性、放射性、硬度、脆性、湿度、氧化程度、吸附能力、溶解度、酸碱度、泥化程度、摩擦角、堆积角、可磨度等。一般情况下是根据设计要求的内容进行检测。

（1）摩擦角的测定。用一块木制平板（也可用铁板和水泥板），其一端固定不动，而另一端则可自由上升。将试验物料置于板上，并将板的一端缓慢上升，直至物料开始运动为止，此时测量板的倾斜角即为摩擦角。

（2）堆积角（安息角）的测定。一般在比较平的地板或水泥地上进行，将欲测矿石逐渐堆积成锥形体，当堆积到一定高度，物料就会向四周流动，始终保持一个固定锥形体，如继续堆积也只能按相似比例增大锥形体，其自然堆积角不变，此时测量物料与地板之间的夹角即为堆积角。

（3）测定结果（见表 5 -9）。

表 5 -9　矿石有关物理参数测定

密度/g·cm⁻³		摩擦角/(°)			堆积角/(°)
真密度	堆密度	铁 板	水泥板	木 板	
3.175	1.86	32	33.5	35.3	37

（4）矿石可磨度的测定。磨矿是选矿的关键，磨矿细度能否达到要求，对于选矿厂的选别指标具有关键性的作用，因而在选矿厂设计工作中，矿石的可磨度是一个重要的设计依据。

本次可磨度的测定，采取相对可磨度的测定方法进行，采用云锡集团公司大屯选厂处理的松树脚矿的硫化矿作为标准矿石，用本次试验的试料作为待测矿石进行测定。磨矿设备采用试验型 $\phi125 \times 175mm$ 的皮辊式棒磨机，磨矿试料每次为700g。

标准矿石和待测矿石在不同磨矿时间下的磨矿粒度（小于0.074mm（-200目）含量）列于表5-10。

表5-10 磨矿时间与磨矿粒度（小于0.074mm（-200目）含量）**的关系**

矿样 ＼ 磨矿时间/min ＼ 小于0.074mm（-200目）含量/%	8	10	15	20	25
标准矿石	45.14		62.57	75.86	90.11
待测矿石		42.36	50.29	60.29	70.14

根据表5-10绘制的相对可磨度测定曲线见图5-2。

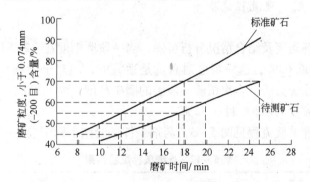

图5-2 相对可磨度测定曲线

根据图5-2得出的不同磨矿粒度的相对可磨度列于表5-11。

表5-11 不同磨矿粒度的相对可磨度

小于0.074mm（-200目）含量/%	标准矿石磨矿时间/min	待测矿石磨矿时间/min	相对可磨度
45	7.9437	11.7696	0.6749
50	9.9786	14.8384	0.6725
55	11.9996	17.4316	0.6884
60	13.9916	19.8583	0.7046
70	17.8424	24.9276	0.7158

5.3.2.4 元素赋存状态与可选性关系

矿石中有用元素与有害元素的赋存状态是拟定选矿试验方案的重要依据。因此，研究元素的赋存状态是一项很重要的工作，也是一项细致而又复杂的工作。有用元素和有害元素在矿石中的赋存状态可分为三种形式：（1）独立矿物；（2）类质同象；（3）吸附形式。

本试验矿样中有价金属锡是以独立矿物—锡石形态存在，但其共生关系较为复杂，有部分锡石呈极细微形态嵌布于脉石矿物中。

5.3.2.5 矿石性质综合评价

（1）原矿中目的矿物主要是锡石，次为黄铜矿。在选矿回收过程中，以锡为主，综合回收铜金属。

（2）原矿属锡石—磁黄铁矿型硫化矿，含锡相对较低，铜、硫、砷含量相对较高，脉石矿物主要为辉石、石英等矿物。

（3）原矿中酸溶锡含量较高，占10%左右。

（4）该矿区原矿性质最为突出的特点是：在磁黄铁矿和脉石等单矿物中都含锡，其中部分锡石呈极细微形态嵌布于脉石矿物中。

（5）上述有关特性，对选矿造成不利影响，预计锡回收率不会太高。

5.3.3 选矿试验研究

5.3.3.1 浮—磁—重流程试验

A 浮选试验

由锡石的单体解离度及结合情况分析可知，当一段磨细度在 -200 目占45%时，锡石单体解离率达到了66.68%，这一粒度对重选是适宜的，但对于浮选来讲，则显得偏粗，会影响浮选效果。综合分析，本次试验一段磨的磨矿粒度定为 -200 目占50%~55%，混浮精选精矿再磨的粒度为 -200 目占92%。

浮选选铜的条件试验流程见图 5-3，药剂条件试验结果列于表 5-12。

表 5-12 选铜条件试验结果

试验序号	产品名称	产率/%	品位/%	回收率/%	试 验 条 件
1	铜精矿	2.36	11.73	65.91	混浮：粗选：丁黄药 100g/t，松油 40g/t；扫选：丁黄药 40g/t，松油 20g/t 分离浮选：CaO 10kg/t，Na_2SO_3 300g/t，漂白粉 300g/t
2	铜精矿	1.71	16.67	67.87	混浮：粗选：丁黄药 100g/t，松油 40g/t；扫选：丁黄药 40g/t，松油 20g/t 分离浮选：CaO 10kg/t，Na_2SO_3 300g/t，腐钠 300g/t
3	铜精矿	1.48	19.09	65.67	混浮：粗选：丁黄药 100g/t，松油 40g/t；扫选：丁黄药 40g/t，松油 20g/t 分离浮选：CaO 10kg/t，Na_2SO_3 500g/t，腐钠 500g/t

表 5-12 所列选铜条件试验结果表明，第 3 套试验采用的药剂条件最佳，获得铜品位19.09%，铜回收率65.67%的指标。按此套试验流程和条件进行的浮选选铜开路试验指标见表 5-13。

表 5-13 浮选选铜开路试验结果 （％）

产品名称	产 率	铜品位	铜回收率
铜精矿	1.48	19.09	65.67
铜中矿 1	0.24	7.24	4.04
铜中矿 2	0.61	3.31	4.69
硫精矿	13.90	0.374	12.08
中 矿	4.71	0.328	3.59
尾 矿	79.06	0.054	9.93
原 矿	100	0.430	100

在开路试验的基础上，进行了闭路试验。闭路试验流程、条件及结果见图 5-3、图 5-4 和表 5-14。

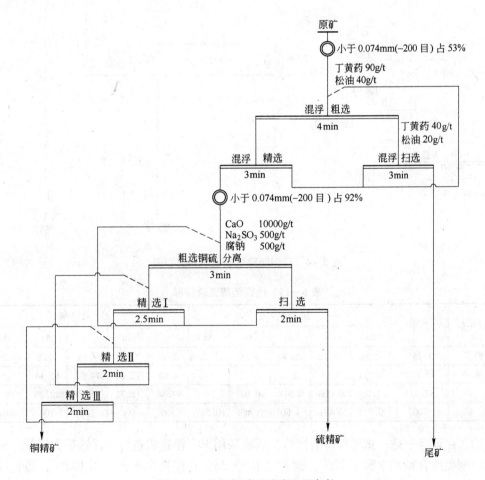

图 5-3 选铜闭路试验流程及条件

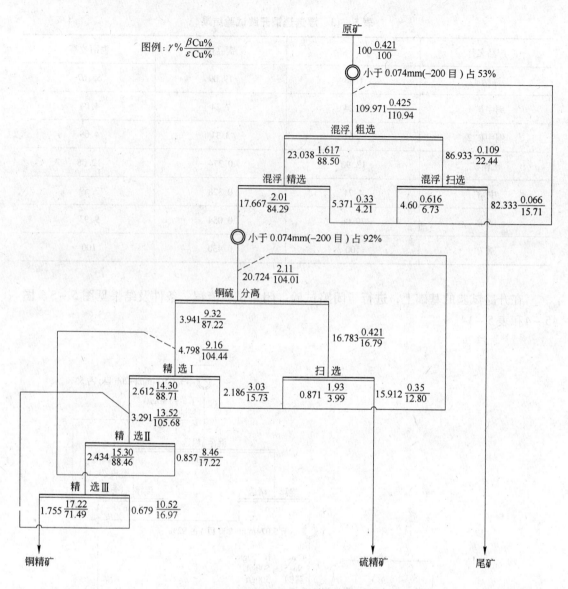

图 5-4 选铜闭路试验数质量流程图

表 5-14 选铜闭路试验指标 （%）

产品名称	产率	品 位					回 收 率				
		Sn	Cu	S	As	Ag	Sn	Cu	S	As	Ag
铜精矿	1.755	0.36	17.72	26.49	0.61	181.2g/t	0.69	71.49	9.68	2.28	30.29g/t
硫精矿	15.912	0.278	0.35	22.52	2.52		4.83	12.80	74.59	85.44	
尾 矿	82.333	1.05	0.066	0.918	0.07		94.48	15.71	15.73	12.28	
给 矿	100	0.915	0.421	4.80	0.469	10.5g/t	100	100	100	100	100g/t

　　为了保证浮—磁—重流程所需试料，试验采用39L浮选机进行了浮选扩大试验。试验结果，铜硫混合精矿含铜2.37%，铜回收率83.36%；浮选尾矿含锡1.105%，锡金属率94.48%。试验流程、条件及结果见图5-5和表5-15。

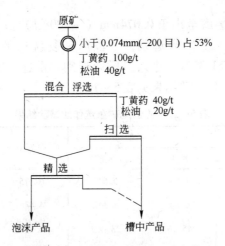

图 5-5 浮选扩大试验流程及条件

表 5-15 浮选扩大试验指标 (%)

产品名称	产率	品 位				回 收 率			
		Sn	Cu	S	As	Sn	Cu	S	As
泡沫产品	14.861	0.34	2.37	24.23	2.75	5.52	83.36	73.04	85.14
槽中产品	85.139	1.105	0.083	1.561	0.084	94.48	16.64	26.96	14.86
给矿	100	0.915	0.423	4.93	0.48	100	100	100	100

B 磁选试验

虽然浮选尾矿含铁 12.54%,但其中仍有部分强磁性铁矿物(磁铁矿和磁黄铁矿),为了给选锡创造较好的选别条件,浮选尾矿再用弱磁选机选出强磁性铁矿物。磁选的非磁产品含铁降至 9.55%,非磁产品中锡的作业回收率 97.77%。试验流程、条件及结果见图 5-6 和表 5-16。

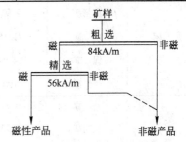

图 5-6 浮选尾矿磁选试验流程及条件

表 5-16 浮选尾矿磁选试验结果 (%)

产品名称	产 率		品 位		锡回收率		铁回收率	
	作业	原矿	Sn	Fe	作业	原矿	作业	原矿
磁性产品	7.31	6.221	0.31	50.54	2.23	2.11	29.43	19.92
非磁性产品	92.69	78.918	1.071	9.55	97.77	92.37	70.57	47.76
给矿	100	85.139	1.015	12.54	100	94.48	100	67.68

由于磁铁矿的粒度较细,在粗磨的情况下,单体解离不充分,有较多的磁铁矿与脉石矿物和磁铁矿与磁黄铁矿的连生体还没有解离,虽然磁性产品已经浮选除硫,但磁性产品含硫仍超标而不能成为商品。

C 重选试验

非磁产品进入重选选锡,重选采用两段磨矿、两段选别、次精矿磨后除硫复洗的工艺。一段床次精矿经复洗磨磨至小于 0.074mm（-200 目）占 74.30%，进入复洗除硫，复洗除硫的槽中产品进入复洗床选别；一段床和复洗床的中矿经二段磨磨至小于 0.074mm（-200 目）占 73.37%，进入二段床选别。重选产出含锡 57.92% 的锡精矿，锡重选作业回收率 69.02%。试验结果见表 5-17。

表 5-17 磁选尾矿重选作业试验结果 （%）

作业名称	产品名称	产率		锡品位	锡回收率	
		作业	原矿		作业	原矿
一段床	精 矿	1.03	0.647	62.75	53.00	44.37
	次精矿	6.88	4.342	4.488	25.44	21.30
	中 矿	45.16	28.492	0.384	14.30	11.97
	尾 矿	45.92	28.968	0.183	6.93	5.80
	泥 矿	1.01	0.638	0.400	0.33	0.28
	给 矿	100	63.087	1.214	100	83.72
复洗除硫	泡沫产品	11.19	0.486	1.080	2.68	0.57
	槽中产品	88.81	3.856	4.92	97.32	20.73
	给 矿	100	4.342	4.488	100	21.30
复洗床	精 矿	5.91	0.228	62.41	75.01	15.55
	次精矿	7.96	0.307	3.95	6.42	1.33
	中 矿	71.16	2.744	0.790	11.43	2.37
	泥 矿	14.97	0.577	2.350	7.14	1.48
	给 矿	100	3.856	4.92	100	20.73
二段床	精 矿	0.43	0.132	26.55	27.03	3.83
	次精矿	1.33	0.407	2.563	8.05	1.14
	中 矿	11.97	3.671	0.401	11.36	1.61
	尾 矿	71.47	21.912	0.244	41.28	5.85
	泥 矿	14.80	4.538	0.350	12.28	1.74
	给 矿	100	30.660	0.423	100	14.17
重选作业（含复洗除硫）	泡沫产品	0.62	0.486	1.080	0.62	0.57
	精 矿	1.28	1.007	57.92	69.02	63.75
	次精矿	0.90	0.714	3.17	2.67	2.47
	中 矿	4.65	3.671	0.401	1.74	1.61
	尾 矿	64.47	50.880	0.210	12.61	11.65
	泥 矿	28.08	22.160	0.509	13.34	12.32
	给 矿	100	78.918	1.071	100	92.37

全流程试验结果和选锡数质量流程见表 5-18 和图 5-7。

表 5-18 浮—磁—重工艺流程试验指标统计 （%）

作业名称	产品名称	产率		品位		锡回收率		铜回收率	
		作业	原矿	Sn	Cu	作业	原矿	作业	原矿
混浮	泡沫产品		14.861	0.34	2.37		5.52		83.36
	槽中产品		85.139	1.105	0.083		94.48		16.64
	给矿		100	0.915	0.423		100		100
磁选	磁性产品	7.31	6.221	0.31	50.54(Fe)	2.23	2.11	29.43(Fe)	19.92(Fe)
	非磁产品	92.69	78.918	1.071	9.55(Fe)	97.77	92.37	70.57(Fe)	47.76(Fe)
	给矿	100	85.139	1.015	12.54(Fe)	100	94.48	100(Fe)	67.68(Fe)
一段床	精矿	1.03	0.647	62.75		53.00	44.37		
	次精矿	6.88	4.342	4.488		25.44	21.30		
	中矿	45.16	28.492	0.384		14.30	11.97		
	尾矿	45.92	28.968	0.183		6.93	5.80		
	泥矿	1.01	0.638	0.400		0.33	0.28		
	给矿	100	63.087	1.214		100	83.72		
复洗除硫	泡沫产品	11.19	0.486	1.080		2.68	0.57		
	槽中产品	88.81	3.856	4.92		97.32	20.73		
	给矿	100	4.342	4.488		100	21.30		
复洗床	精矿	5.91	0.228	62.41		75.01	15.55		
	次精矿	7.96	0.307	3.95		6.42	1.33		
	中矿	71.16	2.744	0.790		11.43	2.37		
	泥矿	14.97	0.577	2.350		7.14	1.48		
	给矿	100	3.856	4.92		100	20.73		
二段床	精矿	0.43	0.132	26.55		27.03	3.83		
	次精矿	1.33	0.407	2.563		8.05	1.14		
	中矿	11.97	3.671	0.401		11.36	1.61		
	尾矿	71.47	21.912	0.244		41.28	5.85		
	泥矿	14.80	4.538	0.350		12.28	1.74		
	给矿	100	30.660	0.423		100	14.17		
重选作业	硫精矿	0.62	0.486	1.080		0.62	0.57		
	锡精矿	1.28	1.007	57.92		69.02	63.75		
	次精矿	0.90	0.714	3.17		2.67	2.47		
	中矿	4.65	3.671	0.401		1.74	1.61		
	尾矿	64.47	50.880	0.210		12.61	11.65		
	泥矿	28.08	22.160	0.509		13.34	12.32		
	给矿	100	78.918	1.071		100	92.37		
合计	泡沫产品		14.861	0.34			5.52		
	磁性产品		6.221	0.31			2.11		
	硫精矿		0.486	1.08			0.57		
	锡精矿		1.007	57.92			63.75		
	次精矿		0.714	3.17			2.47		
	中矿		3.671	0.401			1.61		
	尾矿		50.880	0.210			11.65		
	泥矿		22.160	0.509			12.32		
	给矿		100	0.915			100		

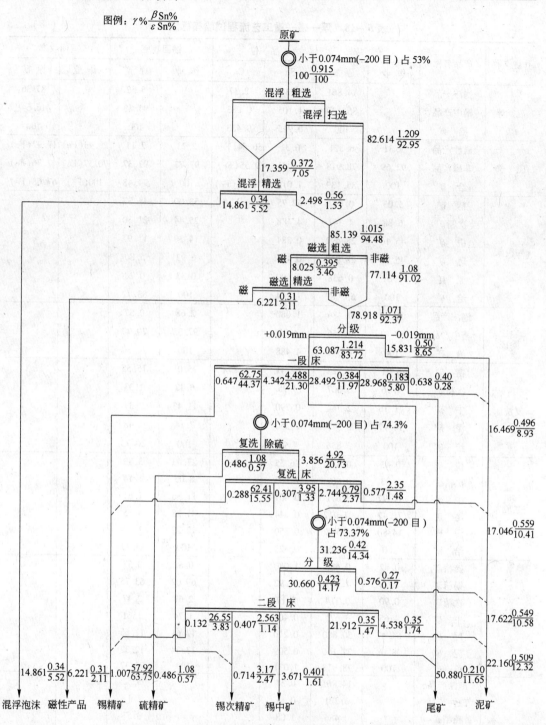

图 5-7 浮—磁—重工艺流程试验选锡数质量流程图

5.3.3.2 重—浮—磁—重流程试验

该工艺形成两大系统，即粗选系统和精选系统。粗选系统通过重选产出粗精矿和抛弃大量尾矿。精选系统采用浮选除硫选铜，磁选除铁，摇床精选的工艺流程，产出合格锡精矿、铜精矿。

A 重选试验

重选试验，原矿经一段磨磨至小于 0.074mm（-200 目）占 47.71%，分级后进入一段床选别；一段床尾矿经二段磨磨至小于 0.074mm（-200 目）占 74.42%，进入二段床选别。重选系统两段磨矿、两段选别，粗精矿产率 12.93%，含锡 5.275%，锡回收率74.14%。试验结果见表 5-19。

表 5-19 粗选系统试验指标　　　（%）

作业名称	产品名称	产率		品位					锡回收率		铜回收率	
		作业	原矿	Sn	Cu	S	As	Fe	作业	原矿	作业	原矿
一段床	粗精矿	11.44	10.09	5.762					67.71	63.21		
	尾矿	88.56	78.13	0.355					32.29	30.15		
	给矿	100	88.22	0.974					100	93.36		
二段床	粗精矿	4.01	2.84	3.541					38.26	10.93		
	尾矿	95.99	68.02	0.239					61.74	17.64		
	给矿	100	70.86	0.371					100	28.57		
粗选	粗精矿		12.93	5.275	1.323	19.60	4.20	35.00		74.14		37.69
	泥矿		19.05	0.397	0.488	0.15		12.76		8.22		20.51
	尾矿		68.02	0.239	0.279	3.27		12.97		17.64		41.80
	给矿		100	0.920	0.454	4.90	0.48	15.78		100		100

B 浮选除硫选铜试验

由于粗精矿中含锡 5.275%、含铜 1.323%、含铁 35.00%、含硫 19.60%、含砷4.20%，为保证摇床精选的选别效果，先用浮选除去硫和砷。粗精矿集中磨至 -200 目占74.14%，经除硫砷混合浮选后，浮选的槽中产品，含锡品位为 10.14%，锡作业回收率96.17%，含硫降至 1.55%，含砷降至 0.13%；混合浮选的泡沫产品经铜硫分离浮选，产出铜品位为 23.26% 的铜精矿，铜硫分离浮选铜的作业回收率 91.95%。试验流程、条件及结果见图 5-8 和表 5-20。

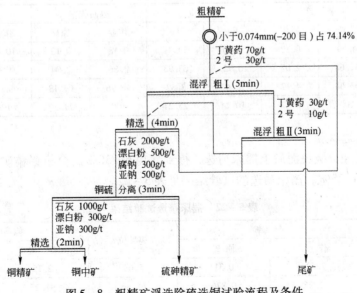

图 5-8 粗精矿浮选除硫选铜试验流程及条件

表 5-20 粗精矿浮选除硫选铜试验结果 （%）

作业名称	产品名称	产 率		品 位				锡回收率		铜回收率	
		作业	原矿	Sn	Cu	S	As	作业	原矿	作业	原矿
混合浮选	泡沫产品	50.00	6.46	0.404	2.55	35.31	5.68	3.83	2.84	97.56	36.77
	槽中产品	50.00	6.47	10.14	0.19	1.55	0.13	96.17	71.30	2.44	0.92
	给 矿	100	12.93	5.275	1.323	19.60	4.20	100	74.14	100	37.69
铜硫分离浮选	铜精矿	10.22	0.66	0.416	23.26	34.12	0.268	10.56	0.30	91.95	33.81
	铜中矿	33.74	2.18	0.139	0.323	44.90	0.64	11.62	0.33	4.22	1.55
	硫砷精矿	56.04	3.62	0.56	0.177	29.76	9.69	77.82	2.21	3.83	1.41
	给 矿	100	6.46	0.404	2.55	35.31	5.68	100	2.84	100	36.77

C 磁选除铁试验

浮选尾矿经磁选除铁，磁性产品再经浮选除硫后，含铁63.93%，铁回收率8.31%；非磁产品含铁3.32%，含锡15.47%，锡作业回收率96.96%。试验流程、条件及结果见图5-9和表5-21。

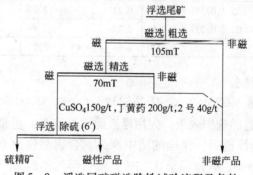

图5-9 浮选尾矿磁选除铁试验流程及条件

表 5-21 浮选尾矿磁选试验结果 （%）

产品名称	产 率		品 位		锡回收率		铁回收率	
	作业	原矿	Sn	Fe	作业	原矿	作业	原矿
硫精矿	4.64	0.30	0.40	59.31	0.18	0.13	10.87	1.12
磁性产品	31.68	2.05	0.92	63.93	2.86	2.04	80.68	8.31
非磁产品	63.68	4.12	15.47	3.32	96.96	69.13	8.45	0.87
给 矿	100	6.47	10.14	25.21	100	71.30	100	10.30

D 摇床精选试验

非磁性产品经分级脱泥后上摇床精选，得到含锡66.36%的合格锡精矿，精选摇床的锡作业回收率91.25%。摇床精选的试验结果见表5-22。

表 5-22 摇床精选试验结果 （%）

产品名称	产 率		锡品位	锡回收率	
	作业	原矿		作业	原矿
泥矿	7.52	0.31	5.64	2.75	1.90
锡精矿	21.26	0.876	66.36	91.25	63.08

产品名称	产 率		锡品位	锡回收率	
	作 业	原 矿		作 业	原 矿
锡富中矿	5.83	0.24	4.8	1.81	1.25
锡中矿	65.39	2.694	0.99	4.19	2.90
给 矿	100	4.12	15.47	100	69.13

全流程试验结果，锡精矿品位66.36%，锡回收率63.08%。铜精矿品位23.26%，铜回收率33.81%。全流程试验结果及选锡数质量流程见表5－23和图5－10。

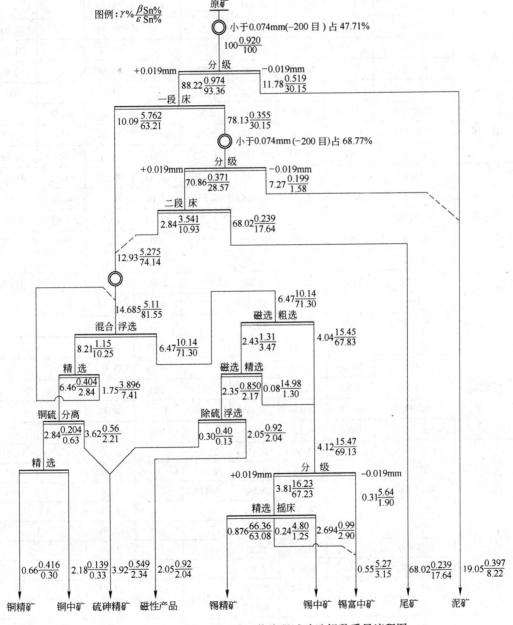

图 5－10　重—浮—磁—重工艺流程试验选锡数质量流程图

表5-23　重—浮—磁—重工艺流程试验指标统计　　　　　　　　　　（%）

作业名称	产品名称	产率		品位		锡回收率		铜回收率	
		作业	原矿	Sn	Cu	作业	原矿	作业	原矿
一段床	粗精矿	11.44	10.09	5.762		67.71	63.21		
	尾矿	88.56	78.13	0.355		32.29	30.15		
	给矿	100	88.22	0.974		100	93.36		
二段床	粗精矿	4.01	2.84	3.541		38.26	10.93		
	尾矿	95.99	68.02	0.239		61.74	17.64		
	给矿	100	70.86	0.371		100	28.57		
粗选	粗精矿		12.93	5.275	1.323		74.14		37.69
	泥矿		19.05	0.397	0.488		8.22		20.51
	尾矿		68.02	0.239	0.279		17.64		41.80
	给矿		100	0.920	0.454		100		100
混浮	泡沫产品	50.00	6.46	0.404	2.55	3.83	2.84	97.56	36.77
	槽中产品	50.00	6.47	10.14	0.19	96.17	71.30	2.44	0.92
	给矿	100	12.93	5.275	1.323	100	74.14	100	37.69
分离浮选	铜精矿	10.22	0.66	0.416	23.26	10.56	0.30	91.95	33.81
	铜中矿	33.74	2.18	0.139	0.323	11.62	0.33	4.22	1.55
	硫砷精矿	56.04	3.62	0.56	0.177	77.82	2.21	3.83	1.41
	给矿	100	6.46	0.404	2.55	100	2.84	100	36.77
磁选	硫精矿	4.64	0.30	0.40		0.18	0.13		
	磁性产品	31.68	2.05	0.92	63.93(Fe)	2.86	2.04		8.31(Fe)
	非磁产品	63.68	4.12	15.47		96.96	69.13		
	给矿	100	6.47	10.14		100	71.30		
精选床	泥矿	7.52	0.31	5.64		2.75	1.90		
	锡精矿	21.26	0.876	66.36		91.25	63.08		
	锡富中矿	5.83	0.24	4.8		1.81	1.25		
	锡中矿	65.39	2.694	0.99		4.19	2.90		
	给矿	100	4.12	15.47		100	69.13		
合计	铜精矿		0.66	0.416	23.26		0.30		33.81
	铜中矿		2.18	0.139	0.323		0.33		1.55
	硫砷精矿		3.92	0.549	0.177		2.34		1.41
	磁性产品		2.05	0.92			2.04		
	锡精矿		0.876	66.36			63.08		
	锡富中矿		0.55	5.27			3.15		
	锡中矿		2.694	0.99			2.90		
	尾矿		68.02	0.239			17.64		
	泥矿		19.05	0.397			8.22		
	给矿		100	0.920			100		100

5.3.4 试验流程评述

对试料采用了浮—磁—重和重—浮—磁—重两个方案进行对比试验。试验结果对锡而言都取得了相近似的选矿指标。两种工艺各具特色，现分述如下。

5.3.4.1 浮—磁—重流程评述

（1）一段磨细度小于 0.074mm （-200 目）含量控制在 50%~55%，在粗磨条件下，浮选除硫上浮率 14.861%，除硫效率达 73.04%，槽中产品磁选后进入重选的给矿含硫降至 0.53%，锡金属率达 92.37%。由此表明，在粗磨条件下，既可有效除硫，又能防止锡石过粉碎，有利于降低细粒锡金属损失。

（2）原矿进行浮选除硫、磁选除铁后，可排出硫化物、磁性铁矿物对重选的干扰，改善重选给矿特性，扩大比重差异，为重选回收锡创造了较好条件。

（3）摇床次精矿集中除硫后进入复洗作业，可提高复洗床分选效果，复洗系统作业回收率高达 70%。

（4）采用先浮、磁后重选工艺，有利于综合回收铜，铜回收率可达 71.49%。

（5）此工艺存在的问题，能耗高、药耗大，选矿成本较高。

5.3.4.2 重—浮—磁—重流程评述

（1）粗选系统用摇床初步富集，实现重矿物与轻矿物尽早分离。采用两段磨矿两段选别工艺，产出含锡 4%~5% 的粗精矿，锡金属率占 75%~80%，可丢除 80% 以上的尾矿。

（2）精选系统，通过浮选除硫、磁选除铁，实现锡石与硫化物和铁矿物分离。粗精矿中集中有锡石和大量的硫化物及磁性铁矿物，采用浮选除硫，除硫率达 90.08%，进而槽中产品经磁选除铁，铁含量可由给矿中的 25.12% 降至非磁产品中的 3.32%。从而为摇床精选创造有利条件。

（3）非磁产品含硫、含铁较低，用摇床精选，锡精矿品位达 60% 以上，精选床作业效率达 91.25%。

（4）采用先重选后浮选、磁选工艺，由于铜在重选粗选过程中比较分散，进入粗精矿的铜金属已经减少，因此，铜回收率不可能高。

（5）该工艺适于处理含硫不高的锡矿，选矿成本较低。

5.3.5 建议原则流程

综合上述分析，对该矿体开发利用，初期拟采用重—浮—磁—重工艺，建议原则流程见图 5-11。

5.3.6 结论

（1）矿石中可供选矿回收的主要组分是锡金属，铜可作综合回收对象。

（2）锡赋存状态研究表明，矿石中的锡主要是锡石锡，此外还有约 10% 左右的酸溶锡。

（3）锡石共生关系复杂，几乎与所有矿物都有共生关系，尤其与脉石矿物更为密切。

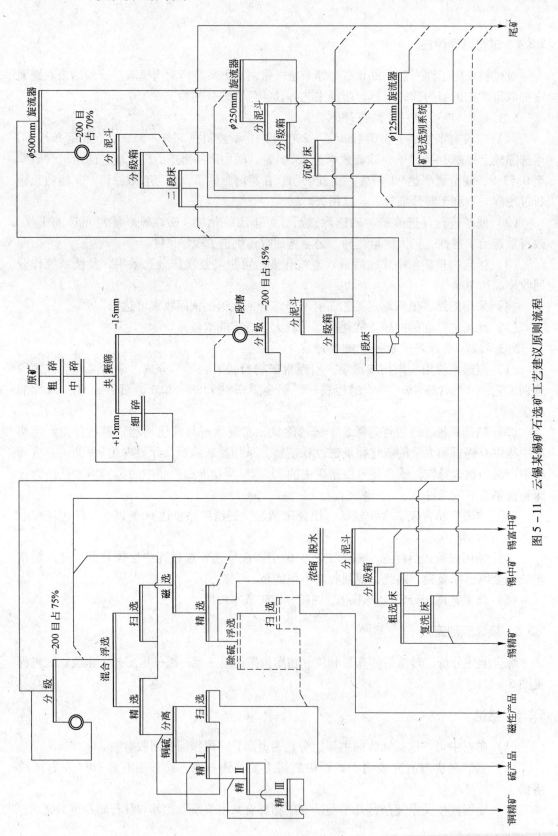

图 5 – 11 云锡某锡矿石选矿工艺建议原则流程

经单矿物分析查明，脉石矿物中含锡 0.1% ~ 0.2%，锡分布率约占 13%，其中部分锡石又呈微细粒、极微细粒嵌布、包裹于脉石矿物中。

（4）试料采用重—浮—磁—重工艺，试验结果：锡精矿品位 66.36%，锡回收率63.08%；综合回收铜：铜精矿品位 23.26%，铜回收率 33.81%；磁选的磁性产品含铁63.93%，但因含硫高达 4.95%，不能成为商品。

（5）开采初期，浅层原矿含硫不高，拟采用重—浮—磁—重的选矿流程。随着矿山向深部开采，矿石中的硫化物将会逐步增高。因此，选矿厂设计时对于原矿浮选、磁选作业所需占地面积应预留场地，以便届时适度改造，实现浮—磁—重的选矿工艺。

复习与思考题

1. 可选性试验物相分析的作用？
2. 单体解离度分析的作用？
3. 什么是类质同象，它与可选性的关系？
4. 重选流程结构特点？
5. 本案例中矿石处理为何选用浮—重—磁联合流程？

6 重力选矿厂的设计

本章内容简介

本章从选矿厂设计的目的、要求，前期准备工作，工艺流程的设计、计算，设备的选择、计算，厂房配置以及经济预算、环境保护等方面介绍了中小型重选厂的初步设计。

6.1 选矿厂设计

选矿厂设计是基本建设的重要组成部分，生产中的先进经验，先进技术及科学研究的最新成果推广运用，都要通过设计才能实现。

6.1.1 设计的目的

选矿厂设计的目的在于根据矿石特性、选矿试验成果和可行性研究报告等为依据，设计合理的工艺流程，选择适宜的工艺设备，进行合理的设备配置，设计合适的厂房建筑，设计与选矿厂规模和工艺相适应的辅助设施，配备必要的劳动定员。设计的选矿厂必须做到技术上先进、经济上合理、生产上可靠。

6.1.2 设计的基本要求

（1）选矿厂设计应符合国家建设方针和政策，以及相关规定和规范，选矿厂应依据矿山建设的总体规划进行。

（2）按照国家建设程序和审批程序进行设计，设计所需条件必须具备，设计文件符合相应设计阶段的内容和深度。

（3）设计的工艺流程和技术指标应具有先进性，又有实现的可靠性，尽量考虑矿产资源的综合利用，选择产品方案应合理地确定精矿品位和回收率，既要确保优质又要有更大的经济效益。

（4）选用的设备应与选矿厂规模相适应，选用先进、高效、能耗低的工艺设备，同时，有条件的情况下，可考虑实现自动控制。

（5）设备配置必须符合工艺流程的要求，应考虑灵活性，配置应紧凑合理，确保操作、检测、运输有足够的面积和空间，保证生产顺利畅通无阻，同时留有必要的检修场地。

（6）应具备必要的技术安全和劳动保护措施，确保安全的工作环境，对噪声采取措施以符合国家环境保护的有关规定。

（7）设备和建筑构件应考虑通用化和标准化，提高劳动生产率，减少基建投资。

（8）选矿厂供电、供水、运输供应、修配服务设施、服务性公共设施，应尽可能地与当地其他企业协作。

（9）设计的选矿厂应获得最佳的技术经济指标，发挥投资最大经济效益，使建设资金尽快回收，以利于国家建设资金迅速周转。

6.1.3 设计工作步骤

选矿厂设计是以选矿工艺专业为主体，其他专业相辅助完成设计的，工作大体分三个阶段：

（1）前期工作阶段。前期工作包括编制项目建议书，进行项目可行性研究，矿石试验工作，厂址选择工作。

设计的前期工作阶段还包括对选择的厂址进行评价，出具五个评价报告，即压覆矿评价报告，安全评价报告，环境评价报告，地质灾害评价报告，水土保持评价报告。

（2）初步设计和施工图设计阶段，初步设计是依据上级主管部门下达批准的可行性研究报告进行的，是进行具体设计的工作，有详细的设计说明书，数质量流程图，反映各车间布置和设备配置平断面图，设备清单，材料清单，还有组织机构和劳动定员表等。施工图设计是初步设计经上级主管部门审批后，对初步设计遗留问题和审查初步设计时提出的重大问题的解决，所需地形、工程地质勘察资料已经具备，主要设备订货基本落实，供水、供电，外部运输，征地等协作、协议已经签订。施工图设计不得违反初步设计原则方案，如涉及到更改初步设计原则方案，必须呈报原初步设计审批单位批准后方可变更，并编制修改设计说明书。

（3）施工和试生产阶段，此阶段包括：向建设单位和施工单位交代设计意图、解释设计文件、及时反映施工中出现的有关设计问题，监督施工质量、参加工程验收、设备试运转等工作。

6.1.4 设计内容和深度

初步设计通常包括：说明书、设计图纸、设备表和概算书四卷。在项目总设计师（总负责人）组织下，由选矿、土建、总图运输、给排水、尾矿、电力、机械、技术经济概算等专业分篇编写设计说明书内容，绘制设计图纸，编制设备清单及概算表，由项目总负责人组织有关专业人员汇总成设计文件。设计说明书各专业分篇主要内容为：总论和技术经济篇，工艺篇，总图运输篇，土建篇，电力、自动化仪表和热力篇，给排水、尾矿和采暖通风篇，机械设备和化验篇，环境保护篇，概算篇。

选矿厂初步设计文件由选矿专业编制的工艺篇内容一般包括：概述，矿床、矿石类型及供矿条件，工艺矿物研究、选矿试验研究，产品方案和设计流程，工作制度和生产能力，主要设备选择与计算，辅助设施，厂房布置和设备配置，节能、环保、卫生防护和安全技术，存在的问题和建议，图纸，附表。

6.2 设计前期工作

选矿厂设计的前期工作系指从建设项目的酝酿提出到设计开始之前需要进行的工作，一般分为项目建议书和可行性研究两个阶段，并包括厂址选择和选矿试验研究等工作。

6.2.1 项目建议书

编制项目建议书的目的与作用

项目建议书是基本建设程序中最初阶段的工作。选矿厂项目建议书是在部门（行业）规划或企业建设规划的基础上，通过调查研究对拟建项目的主要原则问题，如资源情况、市场需求、建设规模、产品方案、外部条件、基建投资、建设效果、存在问题等做出初步论证和评价，据以说明项目建设的必要性，为项目的初步决策提供依据。批准的项目建议书亦为可行性研究工作的依据。

项目建议书的内容一般包括：

（1）建设项目提出的依据和必要性；

（2）资源情况；

（3）选矿试验结果及评价；

（4）选矿厂建设规模、工艺原则流程、主要设备、产品方案及用户等初步方案；

（5）建设地点的初步方案，外部条件的评述；

（6）建设投资，职工人数的初步估算，资金筹措的设想；

（7）建设进度安排的初步意见；

（8）经济效果和社会效益的初步估算；

（9）存在问题与建议；

（10）附厂区交通位置图和厂区平面布置图；

（11）对引进技术和进口设备的项目要说明国内外技术概况和差距、进口理由、利用外资的可能性及偿还能力，并对引进国别和厂商作出初步分析。

6.2.2 可行性研究

6.2.2.1 可行性研究的目的与任务

进行可行性研究的依据是上级主管部门批准的项目建议书。可行性研究是评价建设项目在技术上、经济上是否可行的一种科学分析方法，是设计前期的一项重要工作。其目的在于通过深入的技术经济论证确认项目投资的综合效果，为建设项目的正确决策提供可靠的依据。经批准的可行性研究报告亦为确定建设项目及编制设计文件的依据。

选矿厂建设可行性研究的基本任务是对建设中的原则问题，如资源条件、建设规模、原则流程、主要设备、产品方案、市场需求、厂址、外部条件、基建投资、建设进度、经济效果、竞争能力等进行分析论证，从而对选矿厂是否建设，如何建设做出结论。

6.2.2.2 可行性研究内容

（1）可行性研究工作的依据和范围，建设项目提出的背景，建设的必要性和经济意义。

（2）对建设规模、产品方案进行研究，并推荐最佳方案；对产品的需求、价格、销售等情况进行预测。

（3）厂址选择及厂址方案比较（对某些厂址条件复杂的大型选矿厂应在可行性研究之前单独进行）。

（4）建设项目内容、主要设计方案及外部条件：

1）项目构成；2）资源及采矿供矿情况；3）工艺流程及主要设备选择方案比较及推荐意见（引进技术或设备要进一步说明引进的必要性，利用外资的可能性及偿还能力；改扩建项目要说明对原有固定资产的利用情况）；4）外部条件（外部运输、供水、供电、燃料及生产所需其他材料的供应情况）的论证；5）土建结构形式的初步选择；6）公用设施和厂内运输方式的初步选择；7）全厂总平面布置方案的初步选择。

（5）企业组织、劳动定员及人员培训的设想。

（6）建设周期及实施进度的建议。

（7）投资估算和资金筹措。

（8）预测建设项目对环境的影响，提出环境保护和"三废"治理的初步方案。

（9）经济效果和社会效益分析。不仅要计算选矿厂本身的经济效果，还要计算对国民经济的宏观效果（一般情况下，采、选、冶联合企业计算至冶炼工序）。

（10）提供交通位置图、总体布置图、厂区总平面图、工艺流程图、工艺建筑物系统图、供电和供水系统图。

（11）提出存在问题及建议。

6.2.3 厂址选择

厂址选择是一项政策性、技术经济性很强的工作，考虑因素多，较为复杂。既要满足工艺要求，又体现生产和生活的长期合理性。厂址选择应在深入细致的调查基础上，综合考虑各种因素，进行多个方案技术经济比较后推荐最佳厂址方案。一般需考虑下列因素：

（1）厂址应尽量靠近矿山，减少矿石运输量，重选厂用水量较大，水费高时应靠近水源建厂，选择厂址应进行经济比较。

（2）厂址地形要满足选矿工艺流程的需要，尽可能利用25°左右地形建设破碎厂房，利用15°地形建设主厂房，以满足矿浆自流和半自流的要求，平地建厂要考虑厂区排水要求，厂址自然地形坡度4%~5%为宜。

（3）选择厂址在满足生产需要的前提下，要尽量少占或不占农田。

（4）选择厂址要同时考虑尾矿的输送和堆放，尾矿库应选择呈低凹形的山谷或洼地，尽量减少尾矿输送成本和提高尾矿库回水。

（5）选矿厂要有可靠的水源和供水设施。要有可靠的电源，同时，要考虑适宜的交通运输。

（6）选矿厂厂址要有较好的工程地质条件，避免建在矿体上和洪水水位标高以下，不宜建在塌落界限内和爆破危险区内。

（7）根据矿山资源情况，选矿厂规模有扩大可能时，厂址要留有余地。

（8）重视环境保护，厂址尽可能选择在城镇或居民区下风向，并考虑"三废"治理条件，最大限度地减少粉尘和其他排放物对环境的污染。

6.2.4 选矿试验

选矿厂工艺的确定一般应根据试验研究单位提交的试验报告作为依据。

（1）试验矿样要与设计选矿厂所处理的矿石性质一致，技术要求应与设计、选矿厂研究单位、地质部门共同研究，通常由地质部门负责采样设计，选矿试验单位负责试验研究。

（2）试验规模主要决定于矿石的复杂程度，采用的选矿工艺方法和拟建选矿厂规模，应有试验报告，对简单易选矿石有试验室资料和类似选矿厂生产实践资料即可，对复杂难选的多矿种矿石，应有扩大的连续试验资料。

试验规模可分为：实验室试验、半工业试验、工业试验。

（3）试验的内容和深度必须满足设计的需要，应考虑综合利用和"三废"的处理。

6.3 确定工作制度及规模

选矿厂规模的确定应考虑的因素：

（1）在地质资源和开采条件可能性的情况下，选矿厂生产规模（吨/日或万吨/年）应与矿山供矿能力相适应。

（2）既要考虑处理矿石在技术上的可能性，又要考虑经济上的合理性。

（3）确定合理的服务年限。选矿厂服务年限应按矿山可靠的地质储量进行计算。

中型有色选矿厂规模 0.6~3 百万吨/年，服务年限不小于 15 年，小型有色选矿厂规模 <0.6 百万吨/年，服务年限不小于 10 年。

工作制度确定：

选矿厂工作制度，一般采用全年连续工作制。考虑设备需要停机修理（即设备年作业率不能取 100%），法定节假日等因素。通常选厂生产工作日设计为每年 330 天，每天 3 个班。选别系统 3 个班连续生产，碎矿及精矿脱水系统每天生产 1~2 个班。

6.4 工艺流程设计

6.4.1 依据和应考虑的因素

设计选矿工艺流程，应体现并符合矿石特点、突出重点、繁简适度、技术先进、经济合理的原则。具体设计时，应以选矿可选性试验提供的选矿工艺矿物研究报告、选矿试验报告及工艺流程推荐方案为基础，并认真分析运用同类矿石选矿厂的生产技术资料和经验，以及新的先进适用科研成果，综合各方面因素，结合选矿厂条件进行设计。

工艺流程设计时应考虑以下因素：

（1）产品方案及质量指标：质量既符合市场（用户）要求，又要体现有较好的综合经济效益；对伴生有用矿物，应在技术可行，市场需要，有利可图的情况下予以回收利用。

（2）选矿回收率指标：一般略低于可选性试验指标，并考虑同类选矿厂的生产指标确定。

（3）工艺流程的繁简：小型选矿厂宜简，处理成分简单的、易选的矿石宜简。反之，工艺流程（包括选矿方法、设备类型、作业设置、产品方案等）可繁。

（4）节能降耗：尽量采用先进、适用的工艺设备，降低能耗、水耗，如碎矿流程应考虑"多碎少磨"，减小入磨矿石粒度；矿石中含有较多脉石、废石时，应考虑预选抛废，预先富集；重选厂、磁选厂尾矿浆应在厂前（厂区）先回水后再排往尾矿库等等。

（5）根据原矿类型（砂矿、脉矿，氧化矿、硫化矿，单金属、多金属矿等）和入选矿石的特点，做好原矿制备系统（原矿准备作业）辅助作业的设计，使进入选别系统的矿量、矿浆浓粒度、矿浆体积量均衡、稳定，符合工艺参数要求，将矿石中的废石、杂物尽量排除，提高入选矿石质量。如原矿中含泥较多时，应设洗矿脱水作业，水采水运矿石（如砂矿），应设水力洗矿筛、贮矿池、中间矿浆调节池；块矿破碎筛分设容积较为合理的粉矿仓，针对原矿中杂物具体情况，设除铁装置、除渣装置。若矿石中主矿物（如锡石）选别工艺是重选时，而矿石成分中含有密度较大，且数量较多的硫化矿物（如铜、硫、砷等）及较强磁性矿物（磁铁矿、磁黄铁矿等）时，则在原矿制备系统，即在进入重选前，应设浮选及磁选作业，回收硫化矿物和磁性矿物，为重选提高精矿品位和回收率创造条件。锡石—硫化矿的选矿，多数采用先浮（或者浮—磁）后重的原则流程。同时还要重视相关作业给矿设备、给矿装置的设计和选择，做到排料均匀、易于调控。

6.4.2 工艺流程制定

6.4.2.1 破碎筛分流程制定

破碎是为磨矿准备最适宜的给矿粒度或者直接为选别准备粒度合适的产品。确定破碎筛分流程和设备选型时，要考虑矿石的物理特性、破碎过程中的粒度特性、含泥、含水量等因素。

破碎筛分流程一般包括破碎、筛分作业，必要时还包括洗矿或预选作业。设计确定破碎筛分流程时，主要是制定破碎段数、是否采用洗矿或预选作业。

破碎筛分段数选定，一般应根据原矿粒度、最终产品粒度、矿石的物理性质决定（见表6-1）。

表6-1 各种破碎机在不同工作条件下的破碎比范围

破碎段	破碎机	工作条件	破碎比范围
第Ⅰ段	颚式破碎机和旋回破碎机	开路	3~5
第Ⅱ段	标准圆锥破碎机	开路	3~5
第Ⅲ段	中型圆锥破碎机	闭路	4~8

原矿粒度的大小，一般与矿山规模和采矿方法等有关，矿山供给中小型选厂规模的矿石最大粒度范围为450~1000mm，球磨机适宜的给矿粒度范围20~10mm，破碎流程总破碎比是：

$$S_{最大} = \frac{D_{上限}}{d_{下限}} = \frac{1000}{10} = 100$$

$$S_{最小} = \frac{D_{下限}}{d_{上限}} = \frac{450}{20} = 22.5$$

式中　　　　S——破碎作业总破碎比；

$D_{上限}$，$D_{下限}$——原矿的上限和下限粒度；

$d_{上限}$，$d_{下限}$——磨矿给矿的上限和下限粒度。

总破碎比等于各段破碎比之积。

选矿厂的筛分作业包括预先筛分和检查筛分。

预先筛分可预先筛除细粒，相应提高破碎机的生产能力。处理中等可碎性和易碎性矿石时，因矿石中细粒级含量较高，宜采用预先筛分，矿石含泥、含水较多时，还可减少破碎机堵塞。采用预先筛分会增加厂房高度，当含泥水不多，且破碎能力富余时，一般不设预先筛分。

检查筛分的目的在于控制破碎产品的粒度和充分发挥破碎机的生产能力。各种破碎机排矿产物中都存在大于排矿口的过大颗粒，其含量高时要设置检查筛分与破碎机组成闭路。

基本破碎筛分流程见图 6-1。

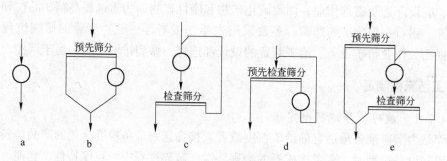

图 6-1　基本破碎流程图

a—仅有破碎作业；b—由预先筛分破碎作业组成；c—由检查筛分与破碎作业组成；
d，e—由预先筛分和检查筛分组成
（a，b 为开路破碎流程；c，d，e 为闭路破碎流程）

以上流程可任意组合为生产常用的二段开、闭路流程和三段开、闭路流程。

在选择破碎筛分设备时，应考虑设备的性能，每一种设备都有其固有的特性，在选择流程时要考虑破碎设备应达到产品粒度要求。一般处理硬或中硬矿石，粗碎通常为颚式破碎机或旋回破碎机，颚式破碎机应用范围较广，主要优点是构造简单，便于维修和运输，需要厂房高度较小，工作可靠，排矿口调节方便。对于中小型选矿厂粗碎可选用颚式破碎机，细碎使用标准型圆锥破碎机或中型圆锥破碎机，圆锥破碎机生产可靠、破碎力大、处理量大，在选矿厂中得到广泛应用。

采矿最大粒度大于粗碎机给矿最大粒度时，在原矿仓上应增设置格筛，隔除大块矿，以保证设备正常运行，对于大于格筛的大块矿，可人工破碎，也可用一台破碎机单独破碎，要根据不同的具体条件，因地制宜，选择合理的解决方法。

6.4.2.2　磨矿分级流程

磨矿是实现有用矿物单体分离的主要手段，磨矿分级流程及产品粒度对选别效率的好坏影响很大，同时磨矿的基建投资、电能消耗也最大。因此，选矿试验中必须进行详细的磨矿流程试验，设计磨矿流程时主要是根据选矿试验报告或类似选矿厂提供的磨矿细度，通过经济比较确定。

磨矿分级流程包括在保证产品浓粒度的情况下，磨矿段数以及磨矿机与分级设备的各种形式的组合。

磨矿作业分为开路磨矿和闭路磨矿，磨矿与分级设备组合构成闭路磨矿，称为闭路磨矿流程，不与分级设备构成闭路的称为开路磨矿流程。开路磨矿效率低，矿石易过粉碎，均不采用。闭路磨矿能够控制合格产物粒度，减少过粉碎现象，提高磨矿效率。

一段磨矿基本流程如图 6-2 所示。

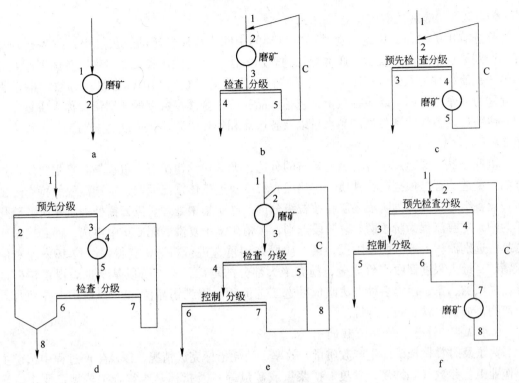

图 6-2 一段磨矿基本流程图

上述几种流程也是生产中一段磨矿基本流程，以此流程可组合为生产中常用的两段磨矿流程和多段磨矿流程。由 ab、ac、ad、af 组成第一段开路的两段磨矿流程，由 bc、bd、bf、bb 组成两段全闭路的磨矿流程。

某氧化矿进矿工艺流程图见图 6-3。

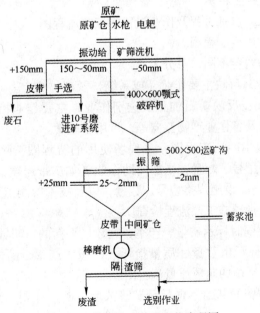

图 6-3 某氧化矿进矿工艺流程图

6.4.2.3 选别流程

分选有用矿物和由其他选别过程中得到的中间产物所经历的工艺过程，称为选别流程。选别流程采用图形表示，通常有几种表示方法：注明原矿和产品名称以及选别作业名称的选别流程称为原则流程图；注明原矿和产品数量（重量和固体含量百分数）的选别流程称为数量流程图；既包括数量又包括产品品位、金属率数据的选别流程称为质量流程图；注明进入各作业和各种产品水量以及各产品和作业矿浆体积浓度的选别流程，称为矿浆流程图。

重选法被广泛运用于有色金属矿石的分选，尤其对钨锡矿石，重选是其最主要的选别方法。重选流程是根据矿石性质、矿物嵌布粒度及连生体情况而定，重选流程的特点是由多种设备组合，流程为阶段磨矿，按粒级分选，砂矿集中处理。以云锡处理氧化矿、硫化矿为例，主要流程为阶段磨矿、阶段选别，次精矿集中复洗、泥矿集中再选，得到粗精矿产品。选别流程一般分两个阶段，第一阶段采用重选进行粗选，获得锡品位 10% 左右的粗精矿，最大限度回收有价成分，抛弃绝大部分的尾矿，第二阶段是精选。视粗精矿成分，采用磁、重、浮等多种方法组成精选工艺流程，得到锡品位 40% 锡精矿。并回收其他矿物，如铅、铁、硫、砷等。

6.4.2.4 计量、检测流程的制定

为了及时掌握选矿厂生产数质量、效率、消耗指标完成情况，以及生产过程中选矿主要作业工艺参数（如浓度、粒度、矿浆量或矿量等）及指标是否符合工艺规定要求，选矿厂流程设计时，必须同时设计必要的计量取样点（如原矿、精矿等）及尾矿检测点（总尾矿点、磨矿分级产品浓粒度测定点等），选择先进适用的计量检测设备、仪表、工具，留出必要的配置高度和场地。并与选矿厂设备同时施工和投产使用。

6.4.3 工艺流程计算

6.4.3.1 工艺流程图种类

用来反映矿石加工、选别过程及作业设置的工艺流程图，其形式有线流程图、方框流程图及形象流程图，常用线流程图。

线流程图按反映的内容不同，可分为：

(1) 原则流程图：只反映主要作业（或系统）及产物流向。

(2) 一般线流程图：反映矿石加工及选别作业，主要作业控制指标，如碎矿粒度，磨矿分级浓粒度等，以及各作业产物流向等，可用于教学。

(3) 设计施工（或生产）流程图：是现场使用的流程图，除一般线流程图内容外，标注每个作业设备规格型号、数量，增加辅助作业（如皮带运输、矿浆输送、杂物隔除，矿浆贮存缓冲等），设备、设施规格型号、数量，以及技术检测点及设备仪表，是更为详细的产物流向图，用于指导施工及流程检查。

(4) 在线流程图上同时标示矿量、产率，且数量平衡的，叫数量流程（如碎矿筛分、磨矿分级流程）。同时标示出数量和质量指标（矿量、产率、品位、金属率或回收率），且做到矿平衡、金属量平衡的叫数质量流程图。

(5) 在数质量流程图的基础上再标示矿浆浓度、矿浆体积、液固比、水量，且水量平衡的叫矿浆流程图。

设计的数质量流程图及矿浆流程图中的矿量、矿浆体积量是设备选择及计算的主要依据，而品位、回收率可以看出产物质量及金属的分布，它们也是制定工艺规程的依据。

6.4.3.2 数质量流程图计算

碎矿筛分及磨矿分级流程计算只求量的平衡，而选别流程计算，则需求数质量的平衡。

数质量流程计算，主要是流程各作业产物数质量的平衡计算，要求做到作业平衡、系统平衡、全流程平衡。一个系统或整个流程在计算时，也可视为一个作业。数质量流程计算的基础方法是：进入一个作业的矿量，等于该作业各产物数量之和，金属量等于各产物金属量之和。二者构成联立方程式，一个方程只能求出一个未知数，计算时，应给出必要而充分的已知条件（原始指标），解联立方程即可求出未知指标，进而即可算出全部产物的全部工艺指标，包括数量指标（矿量 q_n、产率 γ_n、金属量 p_n、对原矿回收率 ε_n、作业回收率 E_n），质量指标（品位 β_n、富矿比 E、选矿比 k）。该两类指标有如下关系：

$$\beta_n = p_n / q_n = \beta_1 \varepsilon_n / \gamma_n$$

A 原始指标数的计算及选取原则

在已知给矿（原矿）指标情况下，流程计算所需的必要而充分的原始指标数 N 可用下式确定：

$$N_p = C(n_p - a_p)$$

式中 C——计算成分。若只计算数量（如碎磨流程），则 $C=1$；若同时计算数量、质量，则单金属 $C=2$，两种金属 $C=3$，三种金属 $C=4$，以此类推；

n_p——计算流程中的选别产物数；

a_p——计算流程中的选别作业数。

如果只有原矿量 q 是绝对数，而其他仅用相对数（产率 γ、品位 β、回收率 ε 等）作为原始指标来进行计算，对于单金属矿石，其原始指标数应是 γ、β 及 ε 等各类指标之和。

当确定原始指标数目后，具体选取原始指标时应遵循的原则：

（1）应该是生产过程中最稳定，影响最大且必须控制的指标。如有两种产品的选别作业，应选定精矿品位和回收率。有三种产物的重选作业，除选定精矿品位和回收率外，还要选择中矿的产率和品位，有四个产物的重选作业，则应选定精矿、次精矿的品位和回收率、中间产率和尾矿回收率。

（2）对于同一产物，不能同时选取 γ、β 和 ε 作为原始指标，也不能同时是 γ、ε，而必须是 γ 和 β 或 β 和 ε，即要确保选取 β。

确定原始指标数值时，应与选矿试验报告为主要依据，同时参考类似选矿厂的测定资料。

B 单金属矿石选别流程金属平衡计算

a 一个作业两个产物的流程

一个作业两个产物的流程，如图 6-4 所示。

除原矿指标外，只要确定两个原始指标，即可算出全部产物的全部工艺指标。

设：已知 β_2、β_3 或 β_2、ε_2，
解联立方程式

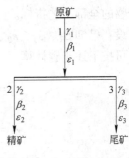

图 6-4 一个作业两个产物的流程图

$$\gamma_1 = \gamma_2 + \gamma_3$$
$$\gamma_1\beta_1 = \gamma_1\beta_2 + \gamma_3\beta_3$$

得到

$$\gamma_2 = \left(\frac{\beta_1 - \beta_3}{\beta_2 - \beta_3}\right)\gamma_1$$

$$\gamma_3 = \gamma_1 - \gamma_2$$

$$\varepsilon_2 = \frac{\gamma_2\beta_2}{\beta_1} = \frac{\beta_2}{\beta_1}\left(\frac{\beta_1 - \beta_3}{\beta_2 - \beta_3}\right)$$

$$\varepsilon_3 = \varepsilon_1 - \varepsilon_2$$

$$\gamma_2 = \frac{\beta_1}{\beta_2}\varepsilon_2$$

$$\beta_3 = \frac{\beta_1\varepsilon_3}{\gamma_3}$$

b 一个作业三个产物的流程

一个作业三个产物的流程，如图6-5所示。

除原矿指标外，确定4个原始指标，即可算出全部产物的全部工艺指标。

设：已知 β_2、β_3、β_4 和 γ_3，
解联立方程式

$$\gamma_1 = \gamma_2 + \gamma_3 + \gamma_4$$
$$\gamma_1\beta_1 = \gamma_2\beta_2 + \gamma_3\beta_3 + \gamma_4\beta_4$$

得到

$$\gamma_2 = \frac{\gamma_1(\beta_1 - \beta_3) - \gamma_3(\beta_3 - \beta_4)}{\beta_2 - \beta_4}$$

$$\gamma_4 = \gamma_1 - \gamma_2 - \gamma_3$$

然后可按式 $\varepsilon_n = \dfrac{\gamma_n\beta_n}{\beta_1}$ 求得产物2和产物4的回收率指标 ε_2 和 ε_4。

c 一个作业四个产物的流程

一个作业四个产物的流程，如图6-6所示。

除原矿指标外，确定6个原始指标，即可算出全部产物的全部工艺指标。

设：已知 β_2、β_3、ε_2、ε_3、γ_4 和 ε_5
可按下述步骤计算

$$\gamma_2 = \frac{\beta_1}{\beta_2}\varepsilon_2$$

$$\gamma_3 = \frac{\beta_1}{\beta_3}\varepsilon_3$$

$$\gamma_5 = \gamma_1 - \gamma_2 - \gamma_3 - \gamma_4$$

$$\varepsilon_4 = \varepsilon_1 - \varepsilon_2 - \varepsilon_3 - \varepsilon_5$$

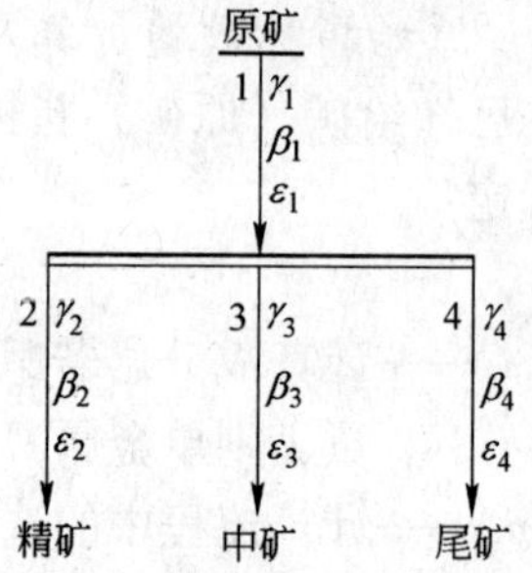

图6-5 一个作业三个产物的流程图

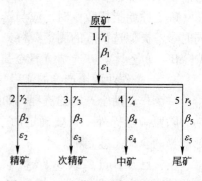

图6-6 一个作业四个产物的流程图

$$\beta_4 = \frac{\beta_1 \varepsilon_4}{\gamma_4}$$

d 其他形式的流程

一个选别系统若干作业，并有中间产物返回量时的流程计算，一般顺序是首先分别按作业确定各产物的作业产率 γ'_n，作业回收率 E_n 和各产物的品位等指标，根据流程结构按工序从上至下，依次将各作业相对指标换算成对原矿的绝对指标（γ_n、ε_n）。在进行每个作业指标换算时，则应先算出中矿返回混合物的产率 γ_n 后，或回收率 ε_n，然后再进行其他作业指标的换算。求出各产物的产率 γ_n 后，可根据各产物品位算出其回收率 ε_n。

多金属（一般 2~3 个）矿石选别流程金属平衡计算，按流程计算原则可列出矿量平衡方程式及各个金属的金属平衡方程，再设定必要充分的原始指标后，解线性方程组求得未知数。

流程数质量平衡计算完成后，绘制数质量图，如图 6-7 所示，即在流程上标注每个

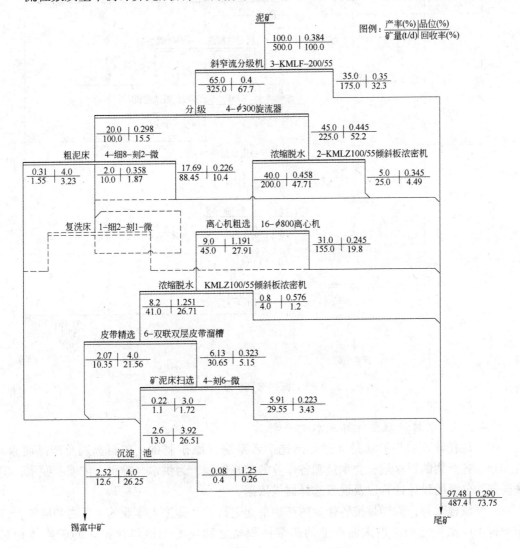

图 6-7 泥矿选别数质量流程图

给矿及各产物的矿量（t/d 或 t/h），产率（%）、品位（%）及回收率（%）数值。矿浆流程图如图 6-8 所示。

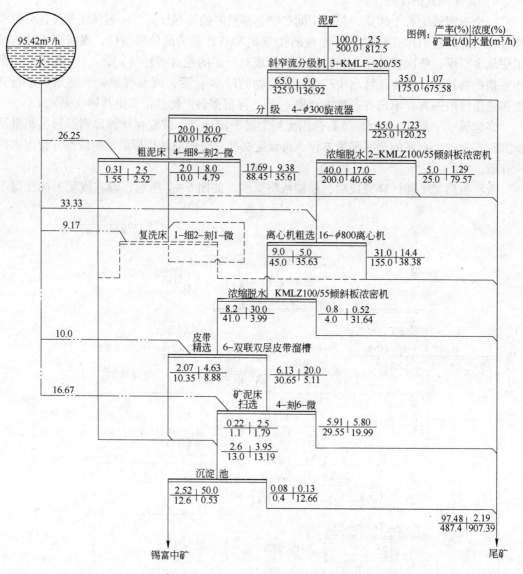

图 6-8 泥矿选别矿浆流程图

6.4.3.3 矿浆流程图计算及水量平衡

矿浆流程计算的目的就是通过算出选矿各系统（原矿制备、矿石选别及产品脱水）各作业、各产物的用水量、含水量和各作业的矿浆体积，为供水、排水、浓缩、脱水，矿浆扬送和分级的设计计算以及设备选择提供依据。

矿浆流程计算，同样是按各作业的产物平衡进行的，即进入作业的水量之和应等于该作业排出的水量之和；进入该作业的矿浆体积量之和应等于该作业排除的矿浆体积量之和。

矿浆流程计算除了已知的矿量外，还需要有一定的原始指标。原始指标应选择那些在操作过程中最稳定的和必须加以控制的指标，这些指标一般分三类，在计算时应预先规定：

（1）最适宜的作业浓度和产物浓度。如磨矿、浮选、湿式磁选，某些重选作业及过滤等，尤其是首选作业的矿浆浓度，可预先规定。

（2）含水量稳定的产物浓度：如磨矿循环量的浓度，浮选泡沫产品浓度。

（3）生产过程中补加作业的补加水量，如磨矿机排矿总水量，水力分级设备上升水量，跳汰机补加上升水，摇床、溜槽洗涤水，离心选矿机冲洗水，洗矿冲洗水，浮选泡沫产品补加水，砂浆泵水封水等。这些设备的用水量，可根据设备使用说明书，参考同类选矿厂生产试验测定获得的设备用水数据等等确定。用于稀释矿浆浓度的兑水量，可根据矿量兑水前后浓度计算而得。

需要给出的矿浆浓度及补加水量应根据对工艺流程的分析，选矿试验资料和同类选矿厂的生产资料综合分析后选定。

计算步骤：

矿浆流程计算在数质量（或数量）流程计算之后进行，计算时，根据已知的矿量 Q、矿石密度 δ 和选定的浓度 R 或液固比 C 和补加水量等计算出水量 W 和矿浆体积量 V，并做到作业的进出水量平衡、矿浆体积量平衡。

计算公式：

$$W = Q \times C \text{ 或 } W = Q\left(\frac{1-R}{R}\right)$$

$$V = W + \frac{Q}{\delta} \text{ 或 } V = Q\left(C + \frac{1}{\delta}\right)$$

计算结果完成后绘制矿浆流程图，即在流程图中分别注明各作业和各产物的 Q、γ、C（或 R）、W、V，而补加水量 L 则标注在补加水线上。

将矿浆流程图与数质量流程图合并在一张图上，则只要在数质量流程图上添加浓度、水量及补加水量。设备选择计算涉及矿浆体积量的作业点，应标注矿浆体积。

数质量流程及矿浆量流程计算结果，除用流程图表示外，也可用表格表示。

根据矿浆流程可以算出选厂总的工艺耗水量 W（包括原矿带入的水量）和补加水量 L，如果选矿厂利用回水，指尾矿和精矿回水，则补加的新水量等于总补加水量减去回水量。

设计时，选矿厂用水单耗指标（吨矿耗水量）应是控制指标，矿浆流程计算结果应符合控制指标。选矿厂的用水量除工艺流程用水外，还应考虑辅助生产水等因素。

6.5 设备选择与计算

6.5.1 工艺设备选择与计算的目的和要求

（1）通过选择与计算，确定工艺流程每一作业具体需要配置的设备类型、规格和数量。并且做到处理能力、工艺指标满足设计要求，适应所处理的矿石（或矿浆）性质，矿量及工艺条件有一定波动。

（2）在确定各作业设备类型、规格、数量之后，编制工艺设备配置表（见表6-2），向有关部门提供相应资料，如：1）设备订货清单；2）设备装机容量及最大运行容量（分系统）；3）设备吨位，大型设备最大部件吨位、设备外形尺寸（长、宽、高）；4）作业设备应承担的处理量（t/h 或 m³/h）和选定设备的处理能力（t/h）；5）其他。

表6-2　工艺设备配置表

系统	作业名称	设备规格型号	设备数量（台、套）			设备容量			设备重量			设备外形尺寸（长×宽×高）/mm×mm×mm	处理量/t·h⁻¹ 或 m³·h⁻¹		备注
			运行	备用	小计	运行		装机	单机	小计			流程给入	选定的运行设备	
						单机	小计								
原矿制备															
选别															
精矿脱水															
尾矿处理															
合计															

6.5.2　工艺设备选择与计算的依据及原则

6.5.2.1　设备选择一般原则

（1）选用的设备，必须适应矿石（或矿浆）性质和工艺条件；能达到设计要求的处理能力和工艺指标。

（2）设备应符合先进适用、高效、低耗、运行可靠、操作方便、易于维修的要求。当设备选择存在多个方案时（不同型号规格，不同国内外厂商产品等），应进行技术经济比较，择优选定，并考虑售后服务因素。先进的设备，有利于工艺流程的简化，提高技术经济指标。

（3）上下工序、作业之间；设备生产能力匹配。避免因出现"瓶颈"而影响整个工艺流程能力的发挥。

（4）在满足工艺指标的条件下，尽可能选用较大规格的设备，以减少设备台数；过流部件易于磨损的设备，为保证生产系统的正常，应考虑备用设备（如砂浆泵）。

6.5.2.2　设备计算依据

选矿设备处理生产能力的计算，涉及诸多因素，与给矿特性、工艺条件和工艺指标、工艺流程和设备参数等都有直接关系，而且这些因素在生产过程中会发生波动，因此确定设备的处理能力，应根据各方面提供的依据，结合具体的矿石性质和生产工艺流程予以确定，并且留有余地。

计算设备生产能力及需要台数的依据可来源于如下方面：

（1）选矿教材、选矿科技刊物等提供的经验公式、理论公式和设备性能表等；

（2）选矿设备生产商提供的设备样本及新设备技术鉴定资料。

（3）同类选矿厂生产测定技术资料及应用试验数据。

（4）科研试验单位提供的选矿试验报告。

（5）数质量、矿浆流程提供的矿量、矿浆体积量、矿浆浓度等基础数据。

选矿厂设计前除了进行矿石可选性试验研究外，还需进行必要且尽可能详细的资料收集，其中包括工艺设备和现场考察，在综合分析基础上，合理采用，使设计更具有先进性、可靠性和经济合理性。

6.5.2.3　部分设备选择计算时要注意的问题

（1）破碎。为使破碎设备在每天确定的运行时间内完成预定的矿石量，设计一定要考虑均衡满负荷给矿的装置和清除给矿中泥块杂物等造成排矿口堵塞的物料装置。

（2）磨矿。磨矿机的处理能力影响因素很多，涉及设备类型、规格，给矿的粒度特性及可磨性，产品细度要求，磨矿浓度，介质类型、数量及配比，返砂比及磨矿机转速等多个方面和内容。因此，计算时尽可能采用设备型号规格、矿石性质、工艺流程、操作条件和指标等相同或相近的生产资料或工业试验资料。

（3）摇床。每个摇床选别作业的设备，通常都由数量不等的粗砂床、细砂床和矿泥床组成（或者由两种床面组成），选择各种床面的数量应根据该作业的给矿粒度组成，合理搭配，计算所得的各种床面的生产能力之和应与该作业给矿量相适应。各种床面的生产能力等于该种床面数量乘以选定的该种床面的生产定额。

在选定摇床生产定额时应考虑以下给矿因素：即粒度粗，则能力大；密度大，则能力小；品位高（目的矿物含量高），则能力小，反之亦然，而对其他重选设备也基本如此。

（4）砂浆泵。砂浆泵在重选厂使用较多，它承担着矿浆提升、输送的任务。一般要选用效率高、耐磨、水封水用量少，扬程及流量较为稳定的产品。由于输送的介质不是水，而是矿浆，因此，除了按常规计算外，要注意以下几点：

1）砂泵性能曲线上或性能表上所示扬程为新泵的清水扬程，折算成砂泵扬程则应除以矿浆密度，并考虑矿浆浓度对扬程的不利影响。

2）计算砂泵需要的扬程一般应考虑几何高差、管线损失、剩余压头、矿浆性质及砂泵过流件磨损等因素，若砂泵用于旋流器的给矿，则应将旋流器工作压力折算成扬程，并计入需要的扬程中。

3）砂泵流量应包括砂泵水封水使用量。

4）砂泵管内的矿浆应有必要的流速（m/s），小于临界流速则可能出现阻塞。

5）改变砂泵的转速，则可改变砂泵的流量、扬程，扬量与转速成正比，扬程与转速平方成正比，功率与转速的立方成正比。

6.6　重选厂布置和设备配置

选矿厂总平面设计是对指定的建厂地区内的建筑物（生产车间、辅助车间）、构筑物、露天堆场、运输路线、管线、动力设施及绿化等作全面合理的布置，并综合利用环境和地形条件，尽量少占用场地面积，节约投资，创造符合选矿生产要求的统一建筑群体。

厂房设备配置就是根据地形、系列划分、选矿工艺流程物料输送和设备操作、维护需要等条件，把执行工艺流程、承担生产任务的主要和辅助设备及装置合理地布置在厂房里。

总平面布置基本原则：

（1）必须充分考虑生产作业线的特点和要求，充分利用地形，合理选择竖向布置形式，减少土石方及建筑工程量，为自流输送创造条件，尽量缩短物料运程，减少反向和重复运输，避免物流和人流交叉。

（2）节约用地和工程投资，建（构）筑物布置力求紧凑合理。

（3）工程地质必须符合建厂条件，不得在有断层、滑坡、溶洞、泥石流等不良地段布置。

（4）动力供应装置、变电所、空压机房、供水站应靠近所服务的主要设备、生产车间。生产辅助设施，如化验室、试验室、药剂制备间、石灰仓库、石灰乳制备间、干燥厂房、堆煤场等的布置除了要考虑便于生产联系外，还要考虑风向、防火、卫生等要求，对生产性质、防火及卫生要求相近似的厂房应布置在同一地段上。

厂房设备配置基本原则：

（1）应符合工艺流程要求，充分利用物料的自流条件，使其自流，确定合理的自流坡度，确保矿流通畅和操作维护、调整方便。

（2）合理划分生产系统，平行的各系统相同设备或机组配置要具有同一性。应尽量集中布置在同一区域的同一标高上。附属设备应尽量布置在其主机附近，其位置、场地面积要合适，满足工艺要求，便于操作、维护。

（3）尽量做到机组的合理配置，缩短机组之间的物料输送距离，在确保操作、维护、设备部件拆装和吊运的条件下合理地利用厂房面积和空间容积，减少不必要的高差损失。

（4）必须充分考虑安全、劳保、卫生规定的要求，高于地面行走通道和操作平台均应设栏杆；要有合理完善的排污、通风除尘系统和设施，各跨间的地面和地沟坡度应既便于行走又便于污水排放到污水池和事故沉淀池中。

（5）厂房跨度、柱距、柱顶标高的确定，除了满足设备配置需要外，还要考虑建筑模数标准。

6.6.1 破碎厂房配置

以两段开路碎矿厂房为例：

（1）布置在同一个厂房里，如图6-9所示，这主要是由于选矿厂生产规模小，所用的设备小，台数少和有适宜的坡地等原因，可将两段破碎筛分设备配置在同一厂房里。

（2）布置在两个厂房里，如图6-10所示，两个破碎机机组分厂布置，两个机组拉开的距离较长，在充分利用地形的情况下沿坡地线纵向布置，土石方量较少，厂房结构可以简单，造价低，但不便于联系。如果场地具有适宜陡坡地形也可布置在同厂房里。当两段破碎机的台数为1对2时，两个机组沿坡地线拉开，分别呈独立厂房，无疑是适宜的。

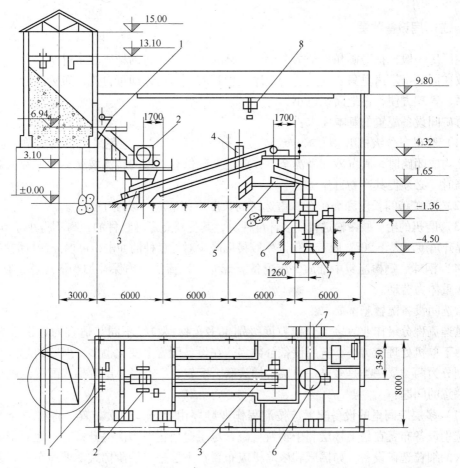

图 6-9 两段开路碎矿共厂房配置图

1—3B 锁链给矿机；2—400×600 颚式破碎机；3—B500 胶带输送机；4—φ700 悬垂磁铁；
5—1250×2500 万能吊筛；6—φ900 中型圆锥破碎机；7—B500 胶带输送机；8—3t 电动葫芦

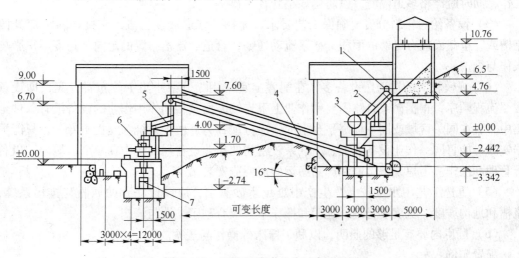

图 6-10 两段开路碎矿分厂房配置图

1—3B 锁链给矿机；2—1150×2000 斜格筛；3—400×600 颚式破碎机；4—B500 胶带输送机；
5—1250×2500 万能吊筛；6—φ1200 中型圆锥破碎机；7—B500 胶带输送机

6.6.2 主厂房设备配置

主厂房一般包括磨矿和选别两个部分，某些主厂房还包括精矿脱水过滤部分。磨矿和选别放在同一个厂房里只要其上、下工序配置具有一定高差即可自流，布置在同一个厂房里联系、管理方便，占地面积也小。

磨矿间设备配置的基本要求：

（1）磨矿—分级机组应力求自流连接，分级返砂应尽量避免采用机械运输，磨矿与旋流器构成闭路时，其沉砂和溢流至下作业也要确保有足够的自流坡度，确定旋流器位置和标高时，必须促其产物自流。

（2）磨矿跨间长度和磨矿仓、重选跨间长度应相适应，以便于给矿。

（3）磨机的给矿胶带输送机安装计量秤时，其受料点距计量秤的距离不得小于 6~8m，胶带提升角度不大于 20°，胶带接头采用胶接以减少对计量秤的冲击，可保证计量的准确度。

（4）钢球、钢棒应集中堆放，应配备装球斗、装棒机，确保补加和清理球、棒方便，减轻笨重体力劳动。

重选间设备配置基本要求：

重选流程分级作业较多，分出粒度级别也多，物料粒级不同其适宜的选别设备也不同。由于单机处理能力小，所用设备台数多，在设备配置上变化也多，但归纳起来，基本上可划分为两类，一类是多层—单层阶梯式联合配置，一类是单层阶梯式配置。基本要求和应注意的问题：

（1）多层跨间里的设备配置应按流程作业顺序由上至下依次布置，将粗粒级物料筛分、选别设备布置在最上楼层利于物料自流，尽量避免物料多次提升；对占地面积大、振动力大的细粒选矿设备，如摇床和浓缩机应布置在下层呈单层阶梯式沿坡地布置，以实现矿浆自流。

（2）应设置恒压水箱以保证需要供水压力稳定使跳汰机、水力分级机等设备有效地工作，同时应严格多道隔渣，以防堵塞小管径管口。

（3）设备给、排料分流要确保工艺要求，流槽、管道坡度自流，交接物料汇流处的流槽或管道截面应有足够的面积，矿浆流动通畅；管道、流槽布置的走向、高度不得影响操作与维护。

（4）规模较大的重选厂设备多，在配置上宜采用大分散小集中的布置方案，即设备按照流程顺序，根据矿浆自流需要和作业上下连接方便及相同作用作业的设备没有条件全集中布置在同一区域或同一标高平台上的，应分散；另外由于系统独立性不专一，只能根据实际可能将同一作业设备或上、下联系较密切的作业设备局部集中在一个区域内，以利于管理和操作。考虑设备检修和产品搬运的需要应安装吊车。

（5）重选工艺用水量较大，生产中难免水砂溅出，应设计完善的回收与排污系统，流槽和地沟坡度、宽度要合理，地面和操作平台应有利于冲洗与清扫。

（6）厂房内要有足够的照明，以利于摇床等操作与观察。

配置实例：

单层阶梯式配置的锡矿重选厂，其设备配置按流程顺序沿地坡线由高至低进行。如图 6 - 11 所示。

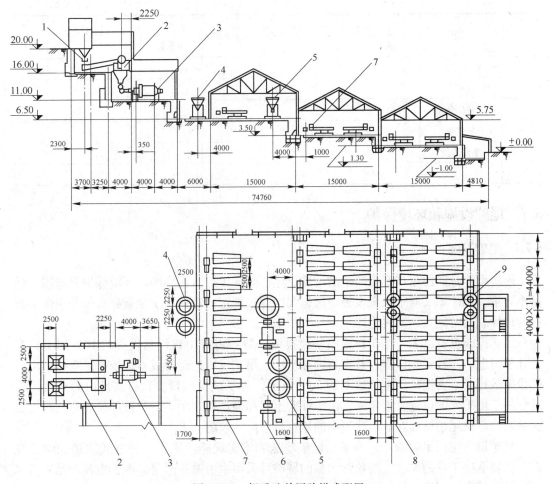

图 6 - 11　锡重选单层阶梯式配置

1—400 振动给矿机；2—1500×6700 搅拌洗矿机；3—1500×3000 棒磨机；4—φ2000 分泥斗；5—φ3000 分泥斗；

6—1500×2400 球磨机；7—1800×4400 摇床；8—分级箱；9—分泥斗

选矿厂制定生产规模，确定工艺流程，对设备选择和计算，进行总平面设计和厂房配置后，就要确定劳动定员。

劳动定员系工作人员，工作人员包括生产工人、技术人员、管理人员、服务人员，其中，技术人员、管理人员、服务人员是在生产人员确定后按其一定比例配备，人员配备后，再除休息日，即可确定在册人员。

劳动定员确定一般根据已建选矿厂生产操作区域、作业数量、设备数量、管理难易度合理配备劳动定员。劳动定员可用表格表示，如表 6 - 3 所示。

表 6 - 3　劳动定员表

序号	工作单位	生产工人定员定额标准			合计人数	在册人员系数	在册人数/人
		一班	二班	三班			
1	破碎车间						
2	磨浮车间						

序号	工作单位	生产工人定员定额标准			合计人数	在册人员系数	在册人数/人
		一班	二班	三班			
3	脱水车间						
4	原矿仓						
5	磨矿仓						
6	精矿仓						
7	维修人员						
合计							

6.7 尾矿设施和环境保护

6.7.1 尾矿设施

尾矿设施是矿山生产不可缺少的设施，尾矿是矿山严重污染源。环境保护是我国一项基本国策，尾矿库又属于安全设施。根据我国有关规定：环保和安全设施必须与主体工程同时设计、同时施工和同时生产。

尾矿设施投资巨大，尾矿设施的基建投资一般约占矿山建设总投资的10%以上，有的几乎与选矿厂投资一样多，甚至超过选矿厂。尾矿设施的运行成本也较高，有些矿山尾矿设施运行成本占选矿厂生产成本的30%以上，为了减少运行费，有些矿山的选矿厂厂址取决于尾矿库的位置。近年来，由于征购土地和搬迁农户困难，建设尾矿设施的费用也会更高，可见尾矿设施在矿山建设中的地位是不同一般的。

尾矿设施包括尾矿浓缩、回水，尾矿输送和堆置设施。采用何种方式输送和堆置尾矿，主要取决于它的粒度。细粒含水多的尾矿可采用水力输送至尾矿库，粗粒干尾矿可采用运输机械运送到堆置场。

设计选择尾矿库址的基本原则：

（1）不占或少占耕地，不拆迁或少拆迁居民住宅。

（2）选择有利地形、天然洼地、修筑较短的堤坝（指坝的轴线短）即可形成足够的库容。

（3）尾矿库址应尽可能选择近于和低于选矿厂，尽量做到尾矿自流输送，尾矿堆置应位于厂区、居民区的主导风向的下风向。

（4）积雨面积应当小，如若较大，在坝址附近或库岸应具有适宜开挖溢洪道的有利地形。

（5）坝址和库区应具有较好的工程地质条件，坝基处理简单，两岸山坡稳定，避开溶洞、泉眼、淤泥、活断层、滑坡等不良地质构造。

（6）库区附近需有足够的筑坝材料。

（7）库址、尾矿输送和储存方式、设施的确定，应进行方案比较。

6.7.2 环境保护

选矿厂环境保护的重点是防止生产中产生的污水、粉尘、尾矿以及噪声对环境的影响和危害。在选矿厂设计和选矿试验中，对下述的有关环境保护方面必须给予足够的注意，并采取适当措施以符合冶金企业环保设计有关规定：

（1）厂址及总体布置尽可能减少对附近居民区、农业、大气、水系、水生资源、地下水、土壤、水土保持、动植物等的影响。符合环境保护要求，设置适当的防护地带，考虑绿化环境。

（2）选矿工艺在技术经济合理的同时，尽量选用无毒工艺。选矿厂废水应首先考虑尽量循环利用或一水多用。必须外排时，应根据当地情况经处理达到规定的排放标准。冲洗地坪和除尘的污水也不可任意排放，可送至工艺系统重复利用或送至尾矿库。

（3）选矿厂必须有完善的储存尾矿设施，尾矿库址应考虑对自然山林、地面、地下水系的保护，严禁尾矿排入江河湖海。有条件的地方可考虑尾矿综合利用或作矿坑充填物料。尾矿库堆满后应考虑覆土造田和植被，对能产生风沙的尾矿场应采用防止粉尘飞扬措施。

（4）对堆积含有毒物质或放射性物质的尾矿场，应考虑有防止扩散、流失和渗漏等措施。

（5）对厂内噪声超标的作业，应尽量采取有效消声和隔声措施。

（6）必须对建设项目产生的污染和对环境的影响作出评价及规定防治措施，其环境影响报告书应执行审批制度。

6.8 设计概算及技术经济指标

6.8.1 设计概算

选矿厂设计总概算是确定选矿厂建设项目从筹建到竣工验收的全部基建投资的总文件。总概算是控制建设项目基建投资、提供投资效果评价、编制固定资产计划、资金筹措、施工投标和实行投资大包干的主要依据，也是作为控制施工图设计预算的主要基础。总概算批准后不得随意突破。总概算编制要严格执行国家有关方针政策规定。

基本建设概算的组成包括建设项目总概算、单项工程综合概算、单位工程概算和其他工程与费用概算。

建设项目指具有批准的可行性研究报告和总体设计，是具有独立组织形式的基本建设单位。一个建设项目可以有一个或几个单项工程组成。

单项工程指选矿厂的破碎、筛分车间，主厂房，精矿处理车间及尾矿处理等。单项工程又可分解成建筑工程、设备及安装等单位工程。

单位工程概算是编制单项工程综合概算书的原始资料和组成部分，先由各专业设计人员编制；然后概算专业人员汇总编制综合概算书。

其他工程与费用概算包括建设单位管理费、征用土地补偿费、建设场地原有各建筑物和构筑物迁移补偿费、青苗和树木补偿费、勘察设计费、工器具和备品备件购置费、办公和生活用具购置费、职工培训费、临时设施费、联合试车费等。

选矿专业人员在选矿厂初步设计接近完成时，最后一项工作是编制选矿专业概算，为概算专业汇总编制综合概算书提供资料和依据。以破碎、筛分车间，主厂房，精矿处理车间等为单项工程费用进行单位工程概算，工程量以已完成的初步设计书中的设备表中材料表为依据，完成"设备及其安装工程概算表"，内容包括选矿工艺设备、金属结构件和工艺管道三个部分的概算价值。

6.8.2 精矿成本

精矿设计成本是衡量设计选矿厂是否经济合理的重要综合性指标之一。计算方法也随企业性质不同而有所不同。选矿厂精矿设计成本由原料费（包括运输）和选矿加工费等两个部分组成。选矿加工费由辅助材料、水、电、生产工人工资及附加费、折旧、维修和车间经费及企业管理费组成。精矿设计成本计算到精矿仓为止。

（1）原料费：指经过加工后，构成产品的原料或主要材料。对选矿而言就是原矿。选矿厂的原料费由原矿开采成本加原矿运输费用而得。

（2）辅助材料费：指直接用于生产，能有助于产品的形成或便于生产的进行，但不构成产品的各种材料，主要是指破碎、选别、脱水等生产过程中用的衬板、钢球、润滑油、药剂、滤布等。

（3）选矿耗用的水、电费：指直接供应生产产品或作业消耗用的水、各种动力（如电、蒸气、压缩空气等）和各种燃料（如煤、焦炭、煤气、重油等）。按设计定额每吨精矿耗用的水、电及燃料指标乘其单价而得（水、电、燃料指标应扣除修理和行政福利设施的用水、用电和用燃料量）。

（4）生产工人工资及附加费：生产工人工资指生产车间（或工段）内直接从事于生产产品技术操作的工人工资（包括基本工资和辅助工资两部分，不包括机修、维修和非生产人员的工资）。

生产工人工资的附加费（又称附加工资）系按生产工人工资总额，以规定的比例提取。

（5）基本折旧及大修理提成费用计算：指从事生产服务并照规定折旧率分摊到各种固定资产的折旧费用，由基本折旧费及大修理费两部分组成。

（6）修理费用：指维护服务于生产的固定资产进行中、小修理和日常维护所花去的费用，包括本车间检修工人的工资和附加工资，修理用的材料及企业用机修设施所分摊的一切费用。

（7）车间经费及企业管理费用计算：车间经费系指车间范围内，为保证正常生产而支付的各项管理费和业务费用。

上述各项费用合计得到选矿厂精矿设计成本。计算结果见表6-4。

表6-4 精矿设计成本计算表

序号	原矿成本	单位	单位用量	单价/元	金额/元
1	原材料 矿石 运费	 元/吨 元/吨			
2	辅助材料 破碎衬板 磨矿衬板 一次钢球 二次钢球 钢材 油脂、药剂 滤布 胶带 其他	 kg/t kg/t kg/t kg/t kg/t kg/t m^2/t 单层 m^2/t 			

序号	原矿成本	单位	单位用量	单价/元	金额/元
3	生产用水	m^3/t			
4	动力：电	度/吨			
5	生产工人工资及附加费	元			
6	基本折旧及大修理提成费用	元			
7	维修费	元			
8	车间经费及企业管理费	元			
9	精矿成本	元			

6.8.3 技术经济指标

在设计过程中需要各专业向技术经济专业提供必要的数据和资料，配合技术经济专业编制选矿厂设计技术经济指标，并应较详细地给以列出，见表6-5和表6-6，以便于与生产、设计类似选矿厂指标比较。

表6-5 设备安装明细表

序号	设备名称及规格	数量/台	重量/t		电机容量/kW	
			单重	总重	单台	合计
1	PE250×400 颚式破碎机	1	3.2	3.2	17	17
2	PEX150×750 颚式破碎机	1	3.5	3.5	15	15
3	TD75 带式运输机（B=500）	1	1.0	1.0	4	4
4	RCD B-5 电磁除铁器	1	0.5	0.5	1	1
5	给矿机	1	0.53	0.53	1.5	1.5
6	MQY-1500×2400 磨矿机	1	22	22	80	80
7	ϕ750 单螺旋分级机	1	2.79	2.79	2.2	2.2
8	XJK-11 浮选机（5A）	10	1.352	13.52	5.5	55
9	XJK-11 浮选机（3A）	18	0.42	7.56	1.7，3	34.7
10	XB-1500 搅拌机	2	1.08	2.16	2.8	5.6
11	XB-1000 搅拌机	2	0.44	0.88	2	2
12	仿 HTB-KZ 50/30 砂泵	4	0.11	0.44	5.5	22
13	25 型矿浆计量器	2	0.19	0.38	0.25	0.5
14	560kVA 变压器	1	3.5	3.5		

总之，选矿厂设计方案所追求的目标应该是：低投资，低生产费用，高投资收益率，较短的投资回收期，高劳动生产率，低能耗，较理想的精矿品位和回收率，先进合理的工艺流程和设备性能，合适的设备规格、台数及其配置，便于操作、维修，作业环境安全，场地占用和环境保护符合国家要求。欲达上述目标，在基本建设程序中各环节均应有最佳的工作成绩，工程负责人（应精通现场知识、具有类似的生产经验、投产经验、用人能

力、通晓全盘计划）和设计工程组成员为最佳组合，设计者对各个环节必须精心设计，沿用前人和前期工程可借鉴的成熟经验同时要丰富自己的想象力，发现和解决问题，具有创造性思维促进技术进步。

表6-6 选矿厂设计的主要技术经济指标表

序 号	指标名称	单 位	数 量	备 注
1	选矿厂设计规模			
	年处理原矿	万吨/年		
	精矿产量	万吨/年		
2	选矿指标			
	原矿品位	%		
	精矿品位	%		
	尾矿品位	%		
	选矿回收率	%		
	精矿产率	%		
	年产精矿量	万吨/年		
	选矿比			
3	尾矿输送量	万吨/年		
4	选矿主要设备及型号			
	粗碎	台		
	中碎	台		
	细碎	台		
	磨矿	台		系列数、台数
	选矿	台		系列数、台数
	精矿脱水过滤			
	尾矿			
5	选矿主要设备效率			
6	选矿辅助材料消耗量			
	钢球	t/a		
	衬板	t/a		
	浮选药剂	t/a		
	滤布	m²/a		
	胶带	m²/a		
	其他			
7	供电			
	设备容量	kW		
	需要容量	kW		
8	选矿用电量 单位耗电量	万度/年		

序　号	指标名称	单　位	数　量	备　注
9	年耗水量			
	其中：新水	万米³/年		
	回水	万米³/年		
	吨矿循环水	m³/t		
	每吨原矿耗水量	m³/t		
10	选矿厂占地面积			
	其中：工业占地面积	公亩		
	民用占地面积	公亩		
11	选矿厂基建三材消耗量			
	钢材	t		
	木材	m³		
	水泥	t		
12	年工作天数	天		
13	选矿厂职工定员	人		其中生产工人数
14	劳动生产率			
	全员	吨/（人·年）		
	生产工人	吨/（人·年）		
15	基建投资			
	总投资	万元		
	单位基建投资	元/吨原矿		
16	选矿厂建筑总面积	万米²		
17	选矿厂外部运输量			
	其中：输入量	万吨/年		
	输出量	万吨/年		
18	选矿厂设备总重量	t		
19	选矿厂备品、备件消耗量	t/a		
20	选矿厂精矿成本	元/吨		
21	选矿厂原矿加工费	元/吨		

 复习与思考题

1. 选矿厂设计有哪些工作步骤?
2. 选矿工艺流程选择依据和应考虑因素有哪些?
3. 选矿设备选择一般原则是什么?
4. 厂房设备配置的基本原则是什么?
5. 选矿厂设计方案追求的目标是什么?

7　选矿技术检测

本章内容简介

　　本章主要介绍了选厂生产过程的取样、制样、流程测定、金属平衡的编制以及各种检测技术手段，还特别介绍了云锡矿浆计量取样器。

7.1　概述

7.1.1　技术检测的重要性

　　选矿生产是一个系统的矿物加工工程。从原矿入厂到产出精矿及尾矿，涉及一系列的加工工艺、设备、操作和管理。技术检测是选厂技术管理的重要内容，是对入厂原矿、出厂精矿进行数质量监测的有效手段，也是对生产工艺各个环节主要技术参数及技术指标进行检查控制的重要方法。对选矿生产实施科学准确、及时有效的技术检测的目的在于掌握生产指标完成情况及主要作业工艺条件执行情况，及时发现、妥善处理存在的问题，促使上下工序配合，让上工序更好地为下工序服务，使整个生产过程规范、有序、高效、低耗地稳定运行。

7.1.2　检验部门的任务

　　技术检验（监督）部门是对选矿厂进行技术检测的主要承担者，其具体任务为：

　　（1）为开展选矿金属平衡工作提供完整的检测数据按期（班、月、年）编算选矿金属平衡报表。

　　（2）进行产品质量检验。根据国家或企业规定的产品质量标准，实行专职检验和生产工人之间互检相结合的检验形式，对产品质量进行监督，不合格产品不得出厂。在生产过程中，对中间产品进行"预防性检验"，使不合格情况在生产过程中自行消化。

　　（3）搞好原矿及产品交收工作。选矿是采矿及冶炼的中间环节，它所加工的原料来自矿山，产品供给冶炼厂，对入厂原矿和出厂产品都要严格计量和取样，努力减小交收误差，为财务结算提供可靠的数据。

　　（4）开展技术操作检查。在生产过程中对主要作业、机组的工艺条件和指标，按照工艺规律等给定标准进行检查，例如开展破碎粒度检查、磨矿浓粒度检查、矿浆酸碱度检查等，以便调节操作，改善工艺条件，提高选矿效率。

　　（5）不断提高检测精度，完善检测手段，搞好计量器具的检定和修理工作，开展业务培训，提高操作人员的技术业务水平。

　　（6）配合生产车间及选矿试验等技术部门对主要生产设备工艺操作参数进行检查、调整以及对工艺流程的数质量测定分析。

7.1.3 检测误差

凡是测量（计量）都会有误差。选矿技术检测同样会出现误差。

（1）选矿生产技术检测获得的矿量、品位、水分、浓度、粒度、体积等数据离不开计量、取样、加工、分析、计算、制表等各个环节的具体工作。为保证数据的可靠性、准确性，就必须对各个环节的工作采用科学合理的方法和标准适用的器具，严格执行相关技术规程和管理规定，加强相关人员职业培训，不断缩小检测过程各个环节的误差。缩小误差是检测工作的目标，是检测（检验）工作者的基本职责。

（2）误差指测得值与真值之差，或者说，误差是指试验平均值与总平均值（或其值）之差。

误差按其产生的原因及特性可分为三类：

1）疏失误差（也叫差错误差、过失误差），指测量人员在工作中出现的差错。一般数值比较突出，容易发现和处理。

2）系统误差，这种误差值基本上是恒定不变的，或者是遵循着一定的规律变化的。其产生原因可分为工具误差、装置误差、个人（操作者）误差、环境（外界）误差及方法误差等。系统误差产生的原因往往是可知的、能够掌握的，也易发现和处理。

3）偶然误差（随机误差），指在同一条件下对同一对象反复进行测量时，在极力消除或改正一切明显的系统误差之后，每次测定的结果仍会出现一些无规律的随机性变化，从表面上看似乎纯属偶然。这种随机性变化引起的误差称随机（偶然）误差。该误差虽是不可避免的，因素也是多方面的，但仍可用数理统计方法对其进行判断和处理。

（3）选矿生产减小误差的途径：

1）凡使用的计量设备（主要是质量计量设备），必须按期进行检定，使计量误差保持在允许范围；计量操作、记录必须规范。

2）取样方法不随意改变，要定时、定员进行取样，取样工具设备要符合标准。组成平均试样的小样数目要多一些，试样最小重量必须满足公式 $Q = Kd^2$ 的要求。

3）必须制定和严格执行样品加工技术规程，明确方法、步骤、注意事项。

4）化验分析要有严格的操作规程及管理制度，进行必要的对检、内检、外检，提高合格率。

5）要不断提高工作人员责任心及操作水平，推广应用先进的新方法、新设备。

7.2 计量

7.2.1 概述

计量广泛用于生产、生活、试验研究中，范围包括质量、长度、时间、电流、温度等方面。选矿技术检测涉及的计量主要是质量计量（俗称称重、检斤），其次是长度计量（如测矿石粒度）、时间计量和化验分析。所谓计量就是用标准量对待测量的大小进行对比衡量，此对比过程叫测量。按对比的方法可将测量分为直接对比测量和间接对比测量。

直接测量是用于先标定好的测量仪器和装置，直接测取待测量的量值。例如用衡器测物料的质量，用流量计测流体的流量等。

间接测量是通过被测量与若干个变量相联系的关系式，先分别测出对各变量数值，再经过按计算式求出被测量值。例如用云锡矿浆计量装置测量给入的矿量，得先测出矿浆缩分比、矿石密度和称出缩分所得矿石在水中的质量，然后再按计算公式求得。

7.2.2 矿量计量装置

选厂矿量计量重点是每个生产环节的原矿处理量和精矿产量。有时为了考核作业段别的效率指标，也对作业段别或单机的给矿量及中间产品量进行人工测定。用各类衡器对物体称重所得的量是物体的质量（俗称重量），基础单位是千克（kg）。

用于选厂的质量计量设备主要有：各种型号的轨道衡、地中衡、台秤、案秤、天平、电子及核子皮带秤、矿浆计量器等。

计量设备要按规定定期检定，保证误差在允许范围内。用于精矿计量的衡器，应考虑缩短检定周期。对于矿浆计量器，应根据割取刀口的磨损规律，定期（每旬、每月）实测缩分比。

7.2.3 云锡矿浆计量取样器

7.2.3.1 概述

云锡矿浆计量取样器是用于测定流动矿浆中的含干矿量和获取分析试样的检测装置。该设备是根据扇形取样机的原理研制而得的，主要由矿浆缩分机和缩分试样称重两部分组成。适用于矿石粒度小于 3mm、浓度低于 40%、流动性较好的矿浆计量和取样。该装置结构简单，运转可靠，解决了流动矿浆中矿石的计量问题，且提高了样品的准确性。其功能相当于电磁流量计，γ 射线密度计及矿浆自动取样机组合使用时所能起的作用。在云锡公司已有六十多年的应用历史，并在实践中有了很大的发展。目前该计量设备已将电子感应、自动报矿等信息技术融合使用，完善和提升了云锡矿浆计量取样器。

7.2.3.2 矿浆缩分 – 计量装置结构

矿浆缩分机结构见图 7 – 1。其割取口为以转轴中心为圆点的扇形割取口。由缩分机、称量装置（样桶及秤）、取样装置、测缩比装置组成。最主要的是缩分机，其工作过程是矿浆由和转动轴同心的分矿桶内若干个排矿孔排下，被不断旋转中的割取器截取。割取后的余量返回流程，最后一级割取得到的称样进入称量装置，结构如图 7 – 2 所示。

缩分比：割取口的夹角及数量以及缩分次数（级数），视给矿量的大小及需要割取量的多少而定。缩分机每级的理论缩分比为圆周角（360°）除以扇形割取口的夹角之和（割取的数量可以是 1 个或多个，一般为两个）。如果是多级缩分，则总缩比为各级缩分比的乘积。计量过程中采用的缩分比是定期实际测定的数值，其测定方法有两种：

（1）利用已知体积的水给入缩分系统，测出经缩分后所得的缩分样的体积量，给入量除以所分量即为缩分比。

（2）在生产中，分别测出各级缩分的余量测出最终所得的缩分量（单位均为升，L）进行计算。

总缩分比

$$i = \frac{V}{V_5} = \frac{V_2 + V_4 + V_6 + V_5 + V_7}{V_5} \quad 或 \quad i = \frac{V_2 + V_1}{V_1} \times \frac{V_4 + V_3}{V_3} \times \frac{V_6 + V_5 + V_7}{V_5} = i_1 \times i_2 \times i_3$$

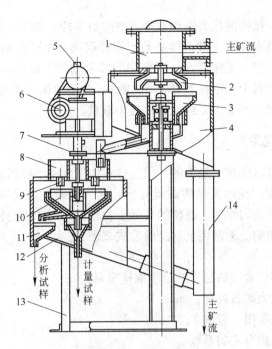

图 7 – 1　两级缩分机

1—分矿桶；2—排矿环；3—分割取斗；4——级余料桶；5—电机；6—减速器；

7—传动轮及皮带；8—分矿槽；9—排矿孔（有圆形和环形）；10—二级割取斗；

11—固定截取口；12—二级余料桶；13—支架；14—余料管

云锡矿浆缩分计量器有多种规格，测量范围 5 ~ 1500m³/h；每单级缩分比一般为 30 ~ 60 倍，主要用于磨矿后的原矿计量，也可用于精矿、尾矿的计量取样，其缺点是需要较大的安装高度。

7.2.3.3　矿量的计算

$$Q = i \frac{W \cdot \delta}{\delta - 1} \times \frac{1}{1000}$$

式中　Q——进入缩分机的干矿量（待测量），t；

i——矿浆缩分机缩分比（倍），定期实测所得；

W——缩分所得矿石在水中的称量数，kg；

δ——矿石密度，g/cm³。

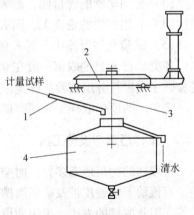

图 7 – 2　称样装置

1—样管；2—台秤；3—吊杆；4—称样斗

7.3　取样

7.3.1　概述

　　取样就是用科学的方法，从大批物料中取出一小部分物料样品，即试样的过程。选矿生产或实验工作中的取样，就是从原矿或产品中，取出有代表性的一小部分物料作为样品，该样品在粒度组成、矿物组分、化学成分、有价金属含量、水分等各个方面都能代表被抽取的物料。试样的代表性，对测定、试验、分析所提供的数据的可靠性、准确性具有先天的、决定性的作用。

从取样工作上讲，试样的代表性和取样方法的科学性、取样设备、工具的规范性及操作者的素质有关；从技术要求上讲，样品的代表性取决于小样的数目（采样份数）及平均试验的重量。小试数目多，意味着在一定范围的静置物料上取样点（网格较小）较多；在一定时段范围的流动物料上，取样频率高（次数多）。平均试样来自较多的样点，则精确度高；平均试样的重量，不应少于经计算的最小重量。

7.3.2 最小试样量的确定

从物料中取出大量试样是不经济的，但怎样才能做到由小样组成的平均试样量不多但又能有充分的代表性呢。经过大量的试验分析，认为物料粒度是决定试料重量的主要因素，而有用矿物嵌布的均匀程度、品位的高低、物料中不同矿物的密度差异等，对试料最小量的确定也有一定影响。通常用下列经验公式来表示：

$$Q = Kd^{\alpha}$$

式中　Q——保证试样代表性的必须的最小取样重量，kg；

　　　d——试料中最大矿石粒度，mm；

　　　α——指数，在我国一般取 2；

　　　K——与矿石性质有关的系数。

它与下列因素有关：

（1）矿石中有用矿物分布的均匀程度。分布越不均匀，K 值越大；

（2）有用矿物的嵌布粒度。矿物颗粒大，则 K 值大；

（3）有用矿物的含量低，则 K 值大；

（4）有用矿物的密度大，则 K 值大；

（5）试验允许误差小，则 K 值大。

各类矿石 K 值的取值一般在 0.02 ~ 0.5 之间，常取 0.1 ~ 0.2。具体可参照同类矿石经验数字或进行分组试验后确定。

选矿厂的原矿取样，采用磨矿后取样，可以做到既准确又经济。

7.3.3 取样方法与设备工具

待取样的物料形态多异，时空不同。有静置于矿山、堆场、矿仓、车厢、船舱等处的，有流动于输送皮带及矿浆沟槽管道的；有块状的、粒状的、粉状的；有干式的，湿式的等。因此取样的方法、采用的设备工具也不相同。

（1）流动物料的取样方法及设备工具。流动物料取样的方法有：纵截法、横截法。

对流动物料的取样常用横向截取法。这种方法就是在一定的时间间隔（周期）和每次相等的截取时间，用同样的割取器具，用连续流动的物料横向截取的一小部分作为试料。这种方法是最精确的取样方法之一。流动物料取样的基本原则要求是定时、等速全流截取。进入截取器的物料不外流。

流动状态下的松散物料和矿浆的取样设备，概括起来可分为两种类型，一是长方形割取口的直线往复运动型；二是扇形割取口的回转运动型。

松散流动物料的取样设备有扇形取样机、链斗式自动取样机等。

流动矿浆取样机有：直线往复定时取样机、回转式扇形取样机（如云锡矿浆缩分机）

等。人工取样则用取样壶。

对取样设备的技术要求：截取器的有效长度要大于矿流厚度的两倍；截取口的宽度应大于物料最大粒径的三倍；截取器的过流量应大于截取量的三倍；截取器运动匀速平稳，速度不高于 0.4m/s。

流动物料取样点要有足够高差。

（2）静置松散物料的取样方法及设备工具。静置物料的取样是先布置取样点，视物料性质及取样目的要求选择方法，多为舀取法和钻孔法。对大宗物料常用机械取样，小宗物料多用人工取样。主要有：槽形或 U 形铲、取样管。堆积浓度大的，用手动或机动钻机等。取样应从上到下，直达底部。

7.4　制样

7.4.1　概述

制样的目的是将在取样阶段所取得的原始试样，通过一系列破碎、混匀、缩分的多次重复作业，使之符合化学分析、物理分析及试验用的专门样品，并在数量上满足分析及试验要求。

矿样制备流程概括起来有三种：一是块状试样制备流程；二是矿浆试样制备流程；三是细粒松散料批试验制备流程。

混匀与缩分是试料制备的主要工序。干试料混匀方法有：环锥法、翻滚法、投掷法；缩分有四分法、二分法、网格缩分法等。矿浆样的混匀与缩分是一个连续作业，设备有矿浆搅拌器、矿浆缩分机、直路矿浆缩分机等；人工缩分工具有自转缩分器、二分器、取样壶等。

试验室型制样设备及工具：

（1）破碎机械：颚式破碎机、辊式破碎机、圆盘粉碎机等；

（2）筛分器具有：自动筛分机、标准筛（套筛）；

（3）研磨工具有：磨样板、研磨钵、磨样机等；

（4）分样工具有：分样铲、分样板、分样刀。

7.4.2　试样分类

试样根据用途不同，可分为：

（1）化学试样。用来确定物料中某些元素或成分的含量，如日常原矿、精矿、尾矿的品位化验或试验需要的多元素分析、物相分析等，要求试样粒度小于 200 目或 150 目。

（2）矿物（矿鉴）试样。用于通过显微镜等手段观测矿物成分、有用矿物单体解离度，有用矿物或杂质矿物含量多少等。该试样一般要求细碎至小于 2mm（或 5mm）以下，再筛分为若干级别。

（3）工艺试验试料。是为矿石可选性研究、指标验证、选矿流程或工艺条件改进试验而准备的试料。一般数量较大。

（4）生产检测样。如进入选别流程的原矿及选矿产生的精矿、尾矿的粒度分析样；原矿、精矿的水分样；磨机排矿、分级设备溢流及选别作业给矿等的浓度、粒度（细度）样；矿浆酸碱度测定样等。

　　为保证试样的数质量，一般应根据待加工物料的特性（如块状的、细粒松散的、矿浆状的等）制定加工流程。选用合适的加工方法和设备工具；每一道工序（如碎矿、筛分、混匀、缩分、研磨等）都要认真操作，保证试样数量，减少物料损失，防止装错放错等；最后向有关部门人员交付试样并进行登记。

7.4.3　制样操作要求

　　（1）为保证试样的数质量，应根据待加工物料的特性（如块状的、细粒松散的、矿浆状的等）及试样用途，制定加工流程。

　　（2）选用合适的加工方法和设备工具，每一道工序（如碎矿、筛分、混匀、缩分、研磨等）都要认真操作，最后向有关部门人员交付试样并进行登记。做到试验不损失，不混杂，不装错，误差在允许范围内；原始记录齐全、准确、清晰。

　　（3）要留副样备查。

7.5　工艺过程检测

7.5.1　概述

　　为保证选矿生产技术经济指标的全面完成，必须加强生产全过程的管理。对入厂原矿、选矿流程、生产设备、各个工序的操作参数及产品数质量等进行全面的检查与监督。生产单位对这些检查与监督的方式各有不同，有的由技检部门统一负责，有的由技检部门、工艺设备部门及生产车间技术人员、操作工人按职责范围分头负责。

　　工艺过程的检测包括以下方面：

　　（1）以考核生产数质量指标编制生产报表为主要目的的选厂原矿精矿尾矿的取样计量及金属平衡编制，是技检部门主要的日常工作。

　　（2）工艺操作条件和指标的检查监督。定期对设备主要技术条件的检查、控制，如破碎机排矿口大小，筛分机筛面的好坏，磨矿机介质的添加，分级旋流器排矿口的大小，跳汰机、摇床的冲程、冲次，摇床调坡器的灵活程度，间断排矿离心选矿机的断矿、分矿的活动装置是否准确到位、各种选别设备工作面是否正常等。

7.5.2　工艺操作条件和指标检测内容

　　（1）矿量检查。主要用于检查原矿处理量及精矿产量，同时检查每一时段入选原矿的矿量及均衡率。根据物料状态采用相应计量设备，如松散状原矿使用各类皮带秤、矿浆状原矿使用矿浆计量取样器、精矿使用衡器等。

　　（2）矿浆浓度粒度测定：主要是磨机排矿、分级机或旋流器溢流，选别系统给矿，用人工定时测定或自动检测控制。

　　（3）矿浆流量测定：主要用于入选矿浆流量测定，可用流量计、矿浆缩分计量器等。

　　（4）水分测定：主要用于原矿及精矿。

　　（5）矿石密度测定：主要用于原矿。

　　（6）品位分析：主要分析每班原、精、尾矿的品位及某些测定样品位。

　　（7）单体目的矿物检查：重点可用涮碗淘洗法检查（概量）精矿质量，检查中、尾矿中单体目的矿物损失情况。

7.5.3 矿浆浓粒度及密度的人工测定

7.5.3.1 矿浆浓度（重量百分浓度）测定

A 直接法

首先称出矿浆样品净重 G，随之将矿浆全部烘干，称出矿石干重 Q，则矿浆浓度 R 按下式计算：

$$R = \frac{Q}{G} \times 100\%$$

此法比较精确，多用于选矿试验及流程查定。

B 间接法

即利用已知的矿石密度 δ 和现场测出的矿浆密度 Δ，计算出矿浆浓度 R。

$$R = \frac{\delta(\Delta - 1)}{\Delta(\delta - 1)} \times 100\%$$

若需知矿浆液固比 C，则按下式计算：

$$C = \frac{1 - R}{R}$$

根据矿浆浓度 R 计算公式，可推导出：

$$\Delta = \frac{\delta}{\delta + R - \delta R}$$

$$\delta = \frac{R\Delta}{1 + R\Delta - \Delta}$$

利用上述公式，可制作出 R、C、δ、Δ 换算查对表，为工作提供方便，查对表格见表 7-1。

表 7-1 R、C、δ、Δ 换算查对表 　　　　 (g/cm³)

矿　浆		矿石密度 δ					
		2.7	3.0	3.2	3.4	3.6	3.8
浓度 R/%	液固比 C	矿浆密度 Δ					
30	2.333	1.233	1.250	1.260	1.269	1.276	1.284
31	2.266	1.242	1.261	1.271	1.280	1.288	1.296
32	2.125	1.252	1.271	1.282	1.292	1.300	1.309

制定该表时，先设定（或实测）矿石密度 δ 和矿浆浓度（增量按1%进行设置），然后按公式算出相应位置的矿浆密度 Δ 和液固比 C。

而现场测定应用时，则是在已知矿石密度 δ 的情况下，先称出已知容积（如浓度壶）的矿浆试样重量，算出矿浆密度，就可查表得相应的（接近的）矿浆浓度。为免去现场计算矿浆密度，可根据具体的某个取样测定点的矿石密度和该点矿浆浓度波动范围以及该点使用的浓度壶的容积（mL）和重量（g），制出一个浓度查对表，即当称出矿浆和浓度壶重量，即可查得矿浆浓度。

7.5.3.2 矿浆细度测定

矿浆细度指矿浆中小于某一粒级（如 -0.074mm 即 -200 目）的矿量占矿浆总矿量

的百分数。测定方法仍分直接法、间接法。

A 直接法

即将矿浆用规定的筛子（如筛孔为 0.074mm 的筛子）湿式筛分完成后，分别将筛上物和筛下物烘干称重，随之进行计算。

设矿样干重为 Q_1，筛上物干重为 Q_2，筛下物干重为 Q_3，则

筛上物产率 $$\gamma_2 = \frac{Q_2}{Q_2 + Q_3} = \frac{Q_2}{Q_1} \times 100\%$$

筛下物产率 $$\gamma_3 = (100 - \gamma_2) \times 100\%$$

若矿浆样在筛分前称出矿浆重量（湿重），则可同时计算出矿浆浓度 R。

B 间接法

即参照矿浆浓度间接测定法，用同一浓度壶（已知容积和皮重）测算出筛分前矿浆和筛分后筛上物矿浆的重量、密度、浓度、干矿量等数据，对筛上物产率进行计算。此法广泛用于生产现场测定，能较快得出浓度、粒度数据，指导生产操作。

检测工具主要用取样壶、浓度壶、案秤（最大称重 5kg 为宜）、检查筛、筛分盆具、记录表、查对表、计算器等。浓度壶容积一般有 250mL、500mL、最大 1000mL。矿浆浓度大（如磨机排矿）用小壶。浓度低则用大壶。每个壶除了有已知容积外，还要知道壶重（皮重）。找不到浓度壶时，也可用大小适宜的量筒。

操作概要：测定时，用取样壶截取矿浆（其量与浓度壶容积相适应），摇匀倒入浓度壶，装满后称出矿浆加壶的重量，然后将矿浆全部（可分几次）倒入检查筛，在水中筛分完成后，将筛上物倒回浓度壶并加满水称出重量。根据筛分前后称量结果，在已知矿石密度（筛上密度 δ_2 视为与筛前密度 δ_1 相同）情况下，即可利用直接、间接的数据来计算筛上物的产率（重量百分比）。

a 直接计算

$$\gamma_2 = \frac{g_p - (V + P)}{G_p - (V + P)} \times 100\%$$

式中 γ_2——筛上粒级产率,%；

V——浓度壶容积，mL；

P——浓度壶重量，g；

G_p——筛前矿浆重量加壶重，g；

g_p——筛后矿浆（筛上物加水）加壶重，g。

b 换算后查表计算

通过具体测定，已知浓度壶容积 V、筛前矿浆净重 G_1 和筛后矿浆（筛上物 + 水）净重 G_2，则可算出矿浆浓度（g/cm^3）：

筛前矿浆密度 Δ_1 $$\Delta_1 = \frac{G_1}{V}$$

筛后矿浆密度 Δ_2 $$\Delta_2 = \frac{G_2}{V}$$

则筛上物产率 γ_2 可按下式计算

$$\gamma_2 = \frac{\Delta_2 - 1}{\Delta_1 - 1} \times 100\%$$

也可以根据矿石密度、矿浆密度查到（或计算）筛前和筛后的矿浆浓度 R_1 和 R_2，算出矿石重量。

筛前矿浆中矿石重量　　　　$Q_1 = $ 矿浆重量 $G_1 \times$ 浓度 R_1

筛后矿浆中矿石重量　　　　$Q_2 = $ 矿浆重量 $G_2 \times$ 浓度 R_2

则筛上物产率　　　　　　　　$$\gamma_2 = \frac{Q_2}{Q_1} \times 100\%$$

为便于查表和计算，可预先制定查对表（见表7-2）。

设矿石密度2.7；浓度壶容积250mL；浓度壶重200g。

表7-2　查对表

矿浆浓度/%	矿浆密度/g·cm⁻³	壶加矿浆重/g	矿石重量/g
8	1.053	463.3	21.06
—	—	—	—
24	1.178	494.5	70.68
—	—	—	—
50	1.460	565.0	182.50
—	—	—	—
70	1.786	646.5	312.55

注：壶加矿浆重 = 壶重 + 矿浆重 = 壶重 + 矿浆密度 × 壶容积。

三种计算方法结果比较：

设筛前矿浆浓度为50%，筛后矿浆浓度为8%。

$$\gamma_2 = \frac{g_p - (V + P)}{G_p - (V + P)} = \frac{463.3 - (250 + 200)}{565.0 - (250 + 200)} = 11.56\%$$

$$\gamma_2 = \frac{\Delta_2 - 1}{\Delta_1 - 1} = \frac{1.053 - 1}{1.460 - 1} = 11.52\%$$

$$\gamma_2 = \frac{Q_2}{Q_1} = \frac{21.6}{182.5} = 11.54\%$$

当筛前矿石密度 δ_1 和筛后矿石密度 δ_2 相差较大时，筛上产率 γ_2 的计算结果应乘修正系数 k，$k = \frac{\delta_2(\delta_1 - 1)}{\delta_1(\delta_2 - 1)}$。计算筛上产率 γ_2 后，则筛下产率（矿浆细度）$\gamma_3 = (100 - \gamma_2)\%$。

7.5.3.3　矿浆密度测定

单位体积矿浆的质量。

7.6　选矿金属平衡

7.6.1　概述

选矿金属平衡，指投入量的平衡，即在选矿过程中，入选矿石的数量和金属量应等于选矿后各产品（产物）的数量及金属量之和。

选矿金属平衡，是一项综合性管理，是选矿管理的基础。它是衡量生产、技术、经营管理水平和检测水平的重要标志之一，也是考核选矿各项技术经济指标的主要依据。

编制选矿金属平衡，必须具备下列条件：

（1）完善的检测手段和齐全完整的用于计算理论和实际回收率的基础数据。如只有原矿量和精矿量、原矿品位和精矿品位，而无尾矿品位，则只能计算出实际回收率（商品回收率、商品金属平衡），就无法计算理论回收率（工艺回收率、工艺金属平衡）。

（2）准确可靠的测试数据。这是保证金属平衡质量的首要条件。若提供计算的数据不真实、不准确，就会形成"假账真算"，造成不良后果。

（3）快速有效的信息（数据）传递。这是金属平衡编制的基本要求。数据及金属平衡编制结果传递快，才能及时掌握生产经营情况，发现存在问题并针对性地加以解决。

（4）完善的规程和管理制度。这是搞好金属平衡编制的重要保证，涉及金属平衡编制的各个环节，都必须制定科学完善的规程和制度，并严格执行。

编制金属平衡的原始数据必须齐全，不得随意修改；当出现理论与实际回收率之间差值过大，超出允差时，应及时调查处理，使金属平衡真正做到如实反映生产实际，客观评价生产效果。

选厂根据规模大小、产品品种多少、工艺流程繁简等情况，规定编制金属平衡报表的时间要求。有色金属中选厂一般应按班、日计算实际回收率和理论回收率。或按期对精矿进行盘点，统计精矿由选厂交到冶炼的交收数据，编制全月金属平衡报表。

7.6.2   选矿金属平衡编制计算

7.6.2.1   工艺金属平衡

工艺金属平衡不仅用于对工艺过程进行作业检查，而且也反映整个企业生产活动和各生产班的工作情况。

编制工艺金属平衡用的主要资料是：

（1）处理原矿量 Q 及原矿取样化验品位 α；

（2）精矿取样化验品位 β；

（3）尾矿取样化验品位 θ。

如果具有生产过程各环节的取样资料，则可为任何环节编制工艺平衡。根据工艺金属平衡可用分析方法确定金属的回收率，富集比，产品的产率，工艺损失及选矿比。

工艺平衡的编制方法，可能有如下几种情况。

A   产两种最终产品——精矿和尾矿

取所处理的矿石重量为100%，γ_1 为精矿相对于原矿的重量产率；γ_2 为尾矿产率；α 为原矿中有用金属品位,%；β 为精矿中有用金属品位,%；θ 为尾矿中有用金属品位,%。

则尾矿产率 $\gamma_2 = 100 - \gamma_1$，矿石和产品中金属平衡的方程式为：

$$100\alpha = \gamma_1\beta + (100 - \gamma_1)\theta$$

所以：

$$\gamma_1 = \frac{\alpha - \theta}{\beta - \theta} \times 100$$

精矿中金属回收率为精矿中金属量与原矿中该金属量之比的百分数：

$$\varepsilon_1 = \gamma_1 \frac{\beta}{\alpha}\%$$

或
$$\varepsilon_1 = 100 \frac{\alpha - \theta}{\beta - \theta} \times \frac{\beta}{\alpha}$$

尾矿中金属的损失率

$$\varepsilon_2 = 100 - \varepsilon_1 \quad 或 \quad \varepsilon_2 = \gamma_2 \frac{\theta}{\alpha}$$

B 矿石生产三种最终产品——两种精矿和尾矿

例如铜精矿、铅精矿和尾矿；

该原矿及选矿产品中所含的金属量（%）如下：

	Cu（铜）	Pb（铅）
原矿	a	b
铜精矿	a_1	b_1
铅精矿	a_2	b_2
尾矿	a_3	b_3

依据上述资料可列出如下平衡方程式：

矿量平衡： $\gamma_1 + \gamma_2 + \gamma_3 = 100$

铜金属平衡： $a_1\gamma_1 + a_2\gamma_2 + a_3\gamma_3 = a \times 100$

铅金属平衡： $b_1\gamma_1 + b_2\gamma_2 + b_3\gamma_3 = b \times 100$

式中 γ_1、γ_2、γ_3 分别为铜、铅精矿和尾矿的产率。

解上述联立方程式，得出 γ_1、γ_2，而 $\gamma_3 = 100 - \gamma_1 - \gamma_2$。

$$\gamma_1 = \frac{(a - a_3)(b_2 - b_3) - (a_2 - a_3)(b - b_3)}{(a_1 - a_3)(b_2 - b_3) - (b_1 - b_3)(a_2 - a_3)} \times 100\%$$

$$\gamma_2 = \frac{(a_1 - a_3)(b - b_3) - (b_1 - b_3)(a - a_3)}{(a_1 - a_3)(b_2 - b_3) - (b_1 - b_3)(a_2 - a_3)} \times 100\%$$

回收率的计算式如下：

铜精矿中铜的回收率 $\qquad \varepsilon_{Cu} = \gamma_1 \frac{a_1}{a}$

铅精矿中铅的回收率 $\qquad \varepsilon_{Pb} = \gamma_2 \frac{b_2}{b}$

另外，铜精矿中损失的铅 $\qquad \varepsilon'_{Pb} = \gamma_1 \frac{b_1}{b}$

铅精矿中损失的铜 $\qquad \varepsilon'_{Cu} = \gamma_2 \frac{a_2}{a}$

计算后再编制工艺金属平衡表，为简便也可采用行列式求解。

由矿石生产四种或五种最终产品时，可用类似于上述的方法，只是计算工作量大一些。

7.6.2.2 商品金属平衡

企业的技术经济指标建立在商品金属平衡的基础上，所以商品金属平衡应该按产品取样和化学分析的精确数据以及产品的重量编制。编制商品金属平衡需要下列数据：

（1）处理的原矿重量；

（2）所生产的精矿重量；

（3）尾矿重量；

（4）在厂产品的盘存量（矿仓、浓缩机内的产品）；

（5）原矿、精矿、尾矿及在厂产品的化验品位；

（6）机械损失。

商品平衡一般每月编制一次，编制的计算式可根据收入等于支出的原则进行。

上月遗留下来的盘存金属量＋本月收入原矿的金属量＝运出的精矿中的金属量＋尾矿中的金属量＋遗留给下个月的盘存金属量＋损失。

如用符号表示如下：

$$(Q_仓 \cdot \alpha_仓 + Q_浓 \cdot \beta_浓) + Q_原 \cdot \alpha = Q_精 \cdot \beta + Q_尾 \cdot \theta + (Q'_仓 \cdot \alpha'_仓 + Q'_浓 \cdot \beta'_浓) + Q_损 \cdot \delta_损$$

式中 $Q_仓$，$\alpha_仓$——分别为上月遗留在矿仓中盘存的矿石量（t）以及其金属品位（%）；

       $Q_浓$，$\beta_浓$——分别为上月遗留在浓缩机中盘存的精矿量（t）及其金属品位（%）；

       $Q_原$，α——分别为本月进厂的原矿量（t）及其金属品位（%）；

       $Q_精$，β——分别为本月产出的精矿量（t）及其金属品位（%）；

       $Q_尾$，θ——分别为本月产出的尾矿量（t）及其金属品位（%）；

       $Q'_仓$，$\alpha'_仓$——分别为存留在矿仓中遗留给下月的盘存矿石量（t）及其金属品位（%）；

       $Q'_浓$，$\beta'_浓$——分别为存留在浓缩机中遗留给下月的盘存精矿量（t）及其金属品位（%）；

       $Q_损$，$\delta_损$——分别为损失物的量（t）及其金属品位（%）。

损失物包括浮选机槽子漏、跑槽、精矿流失及故障时溢出物、浓缩机溢流"跑浑"，以及皮带运输机"掉矿"，球磨给矿处"漏矿"等。

计算商品回收率的公式是

$$\varepsilon_商品 = \frac{实产商品金属量}{实选的矿石所含金属量} = \frac{Q_精 \cdot \beta}{Q_原 \cdot \alpha} \times 100\%$$

式中 $Q_精$——实产精矿吨数（要扣除盘存的）；

       β——精矿品位，%；

       $Q_原$——实选的矿石吨数（要扣除盘存）；

       α——原矿品位，%。

商品回收率往往略低于工艺回收率。

7.6.3 影响金属平衡的调查分析

选矿金属平衡差值，指工艺平衡与商品平衡之差，即平常说的选矿理论回收率（$\varepsilon_理$）与实际回收率（$\varepsilon_实$）之差，此差值用 $\Delta\varepsilon$ 表示（绝对值）：

$$\Delta\varepsilon = \varepsilon_理 - \varepsilon_实$$

此差值的大小，直接反映选矿厂生产管理水平和技术检测水平。

7.6.3.1 金属平衡差值产生的原因

（1）选矿过程中，金属非正常渠道的流失（俗称机械损失）。指原矿已经计量，但在选矿加工过程中，有少量的产物既不进入精矿计量，也未进入尾矿，而损失于流程之外或停留于某一地方。因此，会造成实际回收率偏低。

（2）检测误差。所有参与金属平衡计算的矿量、品位都是利用各种检测手段得来的。检测误差是客观存在的。误差又有正负性。因此按公式计算得到的回收率（包括理论的和实际的）就可能偏高或偏低，金属平衡差值既可能是正值，也可能是负值。尤其在处理低品位矿石时，在化验品位允许误差（绝对值）范围内，但因相对误差大，回收率计算结果都会出现明显的上下波动。

由于上述原因，行业或企业管理有关部门对金属平衡差值 $\Delta\varepsilon$ 的考核指标规定有正有负。如：

重选厂：单金属 $\Delta\varepsilon \pm 1.5\%$ 之内；多金属的主金属 $\Delta\varepsilon$ 正值不大于 3%，负值（−）不大于 2%。

7.6.3.2　金属平衡差值超差的调查分析

在对生产指标进行考核及编制金属平衡报表时，发现回收率指标异常及金属平衡差值超标或系统负差时，应认真组织调查分析，针对发现的问题及时整改。

（1）金属损失调查。调查选矿生产过程非正常金属流失及精矿在液固分离、输送、搬运过程中的各种损失。

（2）矿量品位调查。对计量、取样、制样（加工）、化验分析等各个环节的原始记录、各种设备器具、操作管理及环境等进行调查，确保技术检测所提供的参与金属平衡计算的每个原矿、精矿量数据，原矿、精矿、尾矿品位数据及其他相关数据真实可靠，准确无误。

一般情况下，调查分析的重点是与原矿量、原矿品位及尾矿品位相关的各个环节，因为原矿金属量或尾矿品位不准确、误差大，对金属平衡差值有较大影响。

7.7　数质量流程测定

7.7.1　概述

选矿数质量流程测定，是定期或不定期地对选矿流程中矿量、金属量以至水量的分布情况及选矿作业效率进行考查的一种方法，可以帮助深入分析生产工艺中存在的问题，促进工艺流程优化及工艺操作条件的改进。

数质量流程测定可根据需要局部进行或全流程测定。当原矿性质发生较大变化、指标下降和工艺流程改造后，应择时组织测定。

数质量流程测定主要工作：

（1）绘制生产流程，根据金属平衡计算需要，设计、布置测量及取样点，并标注取样点编号及试料用途（如化学分析、浓度、粒度、密度、矿物鉴定等）。

（2）现场具体确定取样及测量点，并使其合乎技术要求。

（3）准备工具仪器，填写取样标签，培训取样人员。

（4）组织取样、测量。取样当班生产要正常，入选矿石要有代表性。

（5）按要求组织样品加工（制样），所得样品送相关部门分析。

（6）根据所获得的矿量、品位、浓度、粒度等数据，进行流程金属平衡计算、粒度分析计算、矿浆流量计算。在金属平衡计算中，可在化验分析允许误差范围内对某些品位进行调整。

（7）绘制数质量流程图，编写数质量流程测定报告。在报告中要列出流程各作业金属平衡表及有关产物的矿浆浓度表；原矿、精矿、尾矿及某些中间产品粒度分析表及多元素分析、矿物分析等资料；对主要作业设备效率指标进行分析，指出存在的问题，提出选矿流程、工艺条件等方面的改进意见和方案。

7.7.2 数质量流程测定有关问题

（1）取样点、测量点的确定。取样点不能遗漏；每个取样点都必须测品位；要确保原、精、尾矿能准确取样。

矿量计量（测量）点，首先要确保流程的给矿及各选别作业最终精矿的准确计量。其次，应根据必要性及可靠性确定其他测量点：最小的产物宜测；分点最终尾矿应测；每个系统的给矿应测条件。

一个作业有多个产品（如摇床）时，为了计算需要，可取两个产品的综合样。如摇床中矿、尾矿，除分别取样外，还可取一个中尾矿综合样。

凡取样测量点，都应在取样时采取必要措施，保证符合必要的条件。

（2）数据取舍及调整。凡计量、取样、加工、化验工作，都必须符合操作技术规程，原始记录及计算数据要认真核对；化验结果出现反常，应送副样复查，或用粒度分析品位比对；选用合理的品位。

在金属平衡计算中，发现不平衡时，可在误差范围内，对相关品位进行调整。

（3）金属平衡计算要做到作业平衡、系统平衡、全流程平衡。平衡内容包括矿量（产率）平衡、金属（金属率—回收率）平衡。平衡计算时，可考虑先大平衡，再小平衡。

7.7.3 数质量流程计算实例

根据图 7 - 3 所示的取样品位，计算数质量流程。

（1）作业产率：

$$\gamma_{作业} = \frac{精矿产率}{给矿产率} \times 100\%$$

$$= \frac{给矿品位 - 尾矿品位}{精矿品位 - 尾矿品位} \times 100\%$$

如：$\gamma_{5作业} = \frac{\gamma_5}{\gamma_3} \times 100\% = \frac{\beta_3 - \beta_6}{\beta_5 - \beta_6} \times 100\%$

（2）回收率：

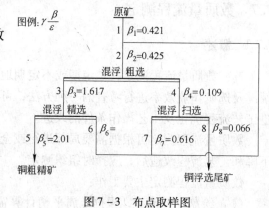

图 7 - 3 布点取样图

$$\varepsilon = \frac{产率 \times 品位}{原矿品位} = \frac{\gamma \cdot \beta}{\beta_1} 100\%$$

计算数质量流程

$$\gamma_5 = \frac{0.421 - 0.066}{2.01 - 0.066} \times 100\% = 18.26\%$$

$$\gamma_8 = 100 - 18.26 = 81.74\%$$

$$\gamma_{7作业} = \frac{0.109 - 0.066}{0.616 - 0.066} \times 100\% = 7.82\%$$

$$\gamma_{8作业} = 100 - 7.82 = 92.18\%$$

$$\gamma_4 = \frac{81.74}{92.18} \times 100\% = 88.67\%$$

$$\gamma_{3作业} = \frac{0.425 - 0.109}{1.617 - 0.109} \times 100\% = 20.95\%$$

$$\gamma_{4作业} = 100 - 20.95 = 79.05\%$$

$$\gamma_2 = \frac{88.67}{79.05} \times 100\% = 112.17\%$$

$$\gamma_3 = 112.17 - 88.67 = 23.5\%$$

$$\gamma_6 = 23.5 - 18.26 = 4.74\%$$

将此结果填入图7－3中，并计算回收率（见图7－4）。

$$\varepsilon_5 = \frac{\gamma_5 \cdot \beta_5}{\beta_1} = \frac{18.26 \times 2.01}{0.421} = 87.18\%$$

$$\varepsilon_3 = \frac{23.5 \times 1.617}{0.421} = 93.28\%$$

$$\varepsilon_6 = \varepsilon_3 - \varepsilon_5 = 93.28 - 87.18 = 6.1\%$$

$$\beta_6 = \frac{\varepsilon_6 \times \beta_1}{\gamma_6} = \frac{6.1 \times 0.421}{5.24} = 0.49\%$$

$$\varepsilon_7 = \frac{6.93 \times 0.616}{0.421} = 10.14\%$$

$$\varepsilon_8 = \frac{81.74 \times 0.066}{0.421} = 12.82\%$$

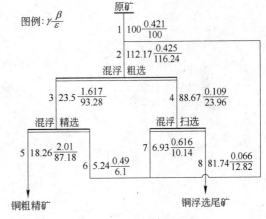

图例：$\gamma \dfrac{\beta}{\varepsilon}$

图7－4　数质量流程计算图

 复习与思考题

1. 试样的代表性包括哪些方面？
2. 写出保证试样代表性必需的最小重量计算公式（经验公式）。
3. 流动物料取样的基本原则要求有哪些？
4. 选矿过程检测目的是什么，它包括哪些方面？
5. 什么叫金属平衡，影响金属平衡的因素有哪些方面？

参 考 文 献

[1] 周晓四. 重力选矿技术 [M]. 北京：冶金工业出版社，2006.

[2] 王淀佐，邱冠周，胡岳华. 资源加工学 [M]. 北京：科学出版社，2008.

[3] 孙玉波. 重力选矿 [M]. 北京：冶金工业出版社，1982.

[4] 孙玉波. 重力选矿（修订版）[M]. 北京：冶金工业出版社，1993.

[5] 张鸿起，刘顺，王振生. 重力选矿 [M]. 北京：煤炭工业出版社，1986.

[6] 丘继存. 选矿学 [M]. 北京：冶金工业出版社，1987.

[7] 谢广元. 选矿学 [M]. 北京：中国矿业大学出版社，2001.

[8] 许时，等. 矿石可选性研究 [M]. 北京：冶金工业出版社，1981.

[9] 周廷龙. 选矿厂设计（第 2 版）[M]. 长沙：中南大学出版社，2006.

[10] 张强. 选矿概论 [M]. 北京：冶金工业出版社. 1984.

冶金工业出版社部分图书推荐

书 名	作 者	定价(元)
采矿知识 500 问	李富平 吕广忠 朱 明 编	49.00
磁电选矿(第 2 版)	袁致涛 王常任 主编	39.00
浮选与化学选矿	张泾生 主编	96.00
浮游选矿技术	王 资 主编	36.00
高等硬岩采矿学(第 2 版)	杨 鹏 蔡嗣经 编著	32.00
化学选矿技术	沈 旭 主编	29.00
矿山测量技术	陈步尚 陈国山 主编	39.00
矿山尘害防治问答	姜 威 等编	35.00
矿山地质技术	陈国山 等主编	48.00
矿山废料胶结充填(第 2 版)	周爱民 编著	48.00
矿石学基础(第 3 版)	周乐光 主编	43.00
露天采矿机械	李晓豁 编著	32.00
碎矿与磨矿技术问答	肖庆飞 罗春梅 主编	29.00
选矿厂辅助设备与设施	周晓四 主编	28.00
选矿厂设计	冯守本 主编	36.00
选矿概论	于春梅 主编	20.00
选矿原理与工艺	于春梅 闻红军 主编	28.00
选矿知识 600 问	牛福生 等编	38.00
氧化铜矿浮选技术	刘殿文 等编著	24.50
中国实用矿山地质学(上册)	彭 觥 汪贻水 主编	115.00
中国实用矿山地质学(下册)	彭 觥 汪贻水 主编	145.00